绿植杀手变达人

目录

找到你的绿植

美叶光萼荷
第34页

锲叶铁线蕨
第32页

虎纹凤梨
第35页

欧洲凤尾蕨
第33页

果子蔓
第35页

兔脚蕨
第33页

黑叶观音莲
第36页

芦荟
第38页

非洲天门冬
第42页

冬花秋海棠
第45页

彩叶凤梨
第49页

龙舌兰
第39页

文竹
第43页

球根秋海棠
第45页

孔雀肖竹芋
第50页

十二卷
第39页

三角紫叶酢浆草
第43页

垂花水塔花
第48页

竹芋
第51页

火鹤花
第40页

大王秋海棠
第44页

紫花凤梨
第49页

紫背竹芋
第51页

吊兰
第52页

微型月季
第55页

翡翠珠
第59页

花叶万年青
第62页

绿萝
第53页

德国报春花
第55页

爱之蔓
第59页

心叶喜林芋
第63页

合果芋
第53页

君子兰
第56页

仙客来
第60页

红苞喜林芋
第63页

菊花
第54页

燕子掌
第58页

杜鹃
第61页

捕蝇草
第64页

瓶子草
第65页

百合竹
第69页

四海波
第73页

橡皮树（印度榕）
第77页

猪笼草
第65页

富贵竹
第70页

一品红
第74页

网纹草
第78页

香龙血树
第68页

石莲花
第72页

大琴叶榕
第76页

紫鹅绒
第79页

千年木
第69页

莲花掌
第73页

垂叶榕
第77页

红点草
第79页

洋常春藤
第80页

平叶棕
第84页

贝拉球兰
第89页

龟背竹
第94页

青木
第81页

袖珍椰子
第85页

长寿花
第90页

春羽
第95页

八角金盘
第81页

印度尼西亚散尾葵
第85页

重瓣长寿花
第91页

窗孔龟背竹
第95页

朱顶红
第82页

球兰
第88页

含羞草
第92页

波士顿蕨
第96页

巢蕨
第97页

子孙球
第99页

蝴蝶兰
第102页

铜钱草
第108页

疣茎乌毛蕨
第97页

铜叶椒草
第100页

江边刺葵
第104页

巴拿马冷水花
第109页

仙人掌
第98页

圆蔓草胡椒
第101页

棕竹
第105页

花叶冷水花
第109页

白云般若
第99页

圆叶椒草
第101页

欧洲矮棕
第105页

二歧鹿角蕨
第110页

巨兽鹿角蕨
第111页

三角大戟
第115页

变叶木
第119页

丝苇
第121页

非洲堇
第112页

虎耳草
第116页

单药花
第119页

金钱麻
第122页

虎尾兰
第114页

瑞典常春藤
第117页

蟹爪兰
第120页

千母草
第123页

柱叶虎尾兰
第115页

鹅掌藤
第118页

仙人指
第121页

红果薄柱草
第123页

白鹤芋
第124页

海角樱草
第130页

五彩苏
第135页

金钱树（雪铁芋）
第138页

广东万年青
第125页

大岩桐
第131页

银线象脚丝兰
第136页

苏铁
第139页

蜘蛛抱蛋
第125页

空气凤梨
第132页

澳洲朱蕉
第137页

发财树（瓜栗）
第139页

鹤望兰
第128页

吊竹梅
第134页

酒瓶兰
第137页

室内盆景
第140页

基础知识

每一种
室内盆栽
都需要

购买须知

如果可能的话，最好是在苗圃或者花店购买你喜欢的绿植，这种地方的绿植会得到妥善的照料。选择绿植时，需要考虑很多事情，包括怎样才能完好地带回家，避免植株死亡。

ɪɪɪɪɪɪɪɪɪɪɪɪɪɪɪɪɪɪɪɪɪɪɪɪɪɪɪɪ

形态

确保植株有好的形态。选择枝叶繁茂的，而不是细长而纤弱的。

花叶万年青
（第62页）

堆肥土

用手测试一下堆肥土，看看是否潮湿。土不宜过湿或过干，因为过干或过湿都表明植株的浇水量可能没有把控好。

根部

如果在堆肥土顶部和花盆底部有许多根茎，意味着这株植物的根已经长满花盆，没有发展余地了。不要选择这种植株，因为植物已经没有生长空间，肯定长不好。

开花植物

选择开花植物的时候，要确保不仅有盛开的花朵，还要带花苞。带花苞植物的花期会更长一些，因为这些花苞会在原来盛开的花朵枯萎后开放。也要避免选择那些没有开花、只有紧实花苞的植株，带回家后，它们可能不会开花。

菊花（第54页）

包裹

春天和夏天是购买盆栽植物的最好时机。此时天气温和，植株不易因为温度和环境的突然变化而受影响。如果在冬天很冷的时候购买盆栽植物，在带回家的时候一定要包好。突然的温度变化会导致部分花苞和叶子掉落，甚至整个植株死亡。比如一品红就特别容易受到寒冷天气的影响。

状态

检查叶子的情况。叶子应是新鲜的，色泽莹润，没有变棕和变黄的迹象。

病虫害

寻找病虫害的端倪。一定要检查叶子的背面（详见第24页"植物虫害"、第28页"植物病害"）。

一品红（第74页）

上盆和摆放

将盆栽植物带回家之后，需要先上盆（检查花盆是否带有排水孔），然后将它摆放在一个合适的地方。这两件事情对植株健康生长会有很大影响。

怎样上盆

大部分室内盆栽在出售的时候会装在一个底部带有排水孔的花盆里。可以把它直接放到更漂亮的花盆中。有些植株是装在没有排水孔的花盆中出售的，这样就很难判断花盆底部是否积水、植物有没有烂根。最好把这些植物移栽到底部有排水孔的花盆中，然后再放入漂亮的花盆里。

花叶万年青
（第62页）

将花盆放入你选中的花盆里

← 排水孔

装在花盆中出售的盆栽

检查栽种植物的花盆底部是否带有排水孔。

移栽到有孔花盆中

如果植物只是装在一个观赏性花盆中，应先将植株移栽到有排水孔的花盆中。

摆放位置

选择摆放位置时，需要考虑到温度、光照和湿度等因素。要考虑到植株的原生环境——生于雨林地区的植物不会喜欢阳光炙烤。了解植物对生长环境的要求，然后放在合适的地方，而不是随心所欲地摆放。

温度

大部分室内盆栽和我们一样喜欢温暖的白天和凉爽的夜晚。有一些盆栽，比如洋常春藤和仙客来，更喜欢低一点的温度。室内盆栽并不喜欢气温有较大的波动，所以应避免放置在以下几个地方：

→ 暖气片旁
→ 空调附近
→ 通风口旁
→ 夜间的窗台上

可以用温度计测量室温

光照

光照是植物的能量来源。有一些植物比其他种类植物需要更多的光照。大多数盆栽在明亮、非直射或者滤光环境下会生长得更好。最好放在距离朝北、朝东、朝西窗户1米左右的地方。要牢记光线在一天当中、在一年四季中是会不断变化的。

芦荟
（第38页）

湿度

大部分盆栽需要的湿度都比普通有暖气房间的湿度高。当然，一些特殊的房间里，如浴室和厨房，会比其他地方更潮湿。为了创造湿润的环境，可以准备一个宽度和植株一样的托盘或碟子，用鹅卵石和砂砾填满，浇上水，将水位控制在鹅卵石顶部之下，然后把植物放在上面。当水蒸发的时候，可以提高局部湿度。也可以用手持喷壶给叶子喷水，多久喷一次水取决于环境。要注意观察植物缺水产生的一些现象，比如叶尖变黄，一旦出现这种情况，就要增加喷水的频率。如果生活的地方只提供硬水的话，请使用蒸馏水、过滤水或者雨水浇灌盆栽。将植物都摆在一起也可以增加湿度。

波士顿蕨
（第96页）

袖珍椰子　平叶棕
（第85页）（第84页）

浇水

室内盆栽死亡的主要原因就是浇水不当，尤其是浇水过多。下面列出了一些非常好的浇水方法，可以养出健康的植株并拯救那些已经枯萎的植株。

如何浇水

大部分植物都可以直接从上往下浇水。如果是长着毛茸茸的叶子或者叶子挡住了堆肥土，就从下面泡水，从底部泡水能避免把水浇到叶子上。对于兰花来说，水多一些少一些都还好——因为粗堆肥土会自行吸收适量的水分。用常温水浇灌盆栽，水温就不会对植物造成剧烈影响。此外，（如果可以的话）在室外放置一个水桶收集雨水也是一个很好的办法。对于有些植物来说，比如凤梨科植物，由于自身对于水质较硬的自来水中的化学成分非常敏感，所以更喜好雨水。

从上面浇水

大部分盆栽都可以使用长嘴喷壶浇水，直接将水喷到堆肥土上。要围绕植株基部浇水，堆肥土的湿润程度会比较均匀，并且慢慢排出多余的水量。

花叶万年青
（第62页）

浅盘泡水

采用这种方法是为了避免把水喷洒在叶子上，因为水喷到叶子上会留下丑陋的水渍并且导致叶片腐烂。把花盆放入装满水的浅盘中浸泡30分钟。之后把浅盘中多余的水倒掉。

仙客来
（第60页）

深盆泡水

对于兰花来说，有一个比较实用的浇水技巧——把花盆放在一个装有常温水的容器中，浸泡10分钟，让它自己吸足水。

蝴蝶兰
（第102页）

浇水量

在判断盆栽是否需要浇水以及浇多少水时需要考虑几点。

→ 浇水过多是导致盆栽死亡的第一杀手。当然也必须注意不要缺水。

→ 不要依据时间表安排浇水，而是要试着去了解盆栽是否需要浇水。大部分盆栽在堆肥土表层1~2厘米发干时才需要浇水——轻轻地把手指戳进土壤检查。如果叶丛遮住了整个堆肥土，可以拈一拈花盆的重量来判断——如果花盆重量较轻，说明堆肥土比较干。

→ 浇水是为了使堆肥土比较湿润，而不是让它处于积水状态。大部分室内盆栽都不喜欢积水，因此，要注意排出多余的水。

→ 大部分植物在冬季需水量会减少，这是因为冬天长势缓慢。有些植物在冬天会休眠，为再次开花做准备。

由于缺水而枯萎

如果盆栽已经枯萎，有可能是缺水造成的，也有可能是过度浇水造成的。可以检查一下堆肥土是否干燥，由此可确认盆栽是否缺水。

☀ 拯救盆栽　把盆栽移至阴凉的地方，并在一个大盆中注入常温水。使用带排水孔的塑料花盆，把盆栽放到这个大盆中浸泡。如果浮起来的话就把它按下去。大概浸泡30分钟之后，将花盆搬出，并排出多余的水。一个小时之内盆栽应该就可以恢复生机。

白鹤芋
（第124页）

浇水过多导致植株萎蔫

浇水过多也会导致植株萎蔫。而且与植株缺水相比，浇水过多给植株造成的危害更为严重，因为它会加速植株死亡。

☀ 拯救盆栽　把植株移出花盆，用报纸或者纸巾将根球包起来。报纸或纸巾被湿透之后，再更换新的报纸或纸巾，反复进行。然后，把植株移栽至新鲜堆肥土中，避免阳光直射。接下来的几周内只需让堆肥土保持湿润即可。

把植株移出
花盆

非洲堇
（第112页）

施肥与养护

你需要做的不仅仅是给植物浇水，大多数植物活着也是需要施肥的。每周花几分钟的时间来检查和打理盆栽，这绝对是物有所值的——它会在你的关爱下茁壮成长。

施肥

植物需要养分才能茁壮成长。食虫植物会自己捕捉猎物，但大多数室内盆栽都需要施肥。因此，在盆栽买回来几周后，或者在植株换盆几个月后，就要施肥。春天和夏天，每隔1个月左右就要在浇水时加一些液态肥。液态肥一定要按照使用说明添加，不能过量，因为过量施肥会对植物造成损伤。最好是在堆肥土比较湿润的时候施肥，这样的话肥料可以直达根部，不易造成营养流失。除此之外，也可以采用循序渐进的方法——每次浇水时，加入少量营养液。另外，除非是冬季开花植物，否则不要在冬天给植物施肥。

鹅掌藤
（第118页）

在水中加入营养液

在堆肥土中加入颗粒肥

更多养护

每周花一两分钟的时间来看看你的植物，看它是否健康。一旦植株出现任何异样，能及时发现端倪。这是保证植物健康的重要方法。

清洁

用干净的湿布擦拭植物的叶子(特别是那些大叶植物)，给叶子除尘，因为灰尘会妨碍植物进行光合作用。如果是棕榈科植物，冬天可以把它放在温暖的浴室中，夏天则可以让它淋一淋雨。那些绒叶或多刺植物，可以用软雨刷进行清洁。

用软雨刷清理绒叶

用湿布擦拭蜡质叶片

打理

清理老叶和枯花——这会让花开得更多，而且还可以防止枯死的花瓣落在叶子上造成叶片腐烂。

清理香龙血树的枯叶和老叶

香龙血树
（第68页）

检查

预防胜于治疗。如果发现绿植看起来病恹恹的，就需要检查一下，在问题严重之前发现病虫害端倪（见第24页"植物虫害"、第28页"植物病害"）。

白粉虱

蚜虫

换盆

堆肥土中的营养物质迟早会被消耗殆尽，所以需要换盆。而且因为植物自身在不断生长，所以时间长了之后需要移栽到一个更大一点的花盆中，给它更大的生长空间。

何时换盆

对于大多数植物而言，一旦发现它们的根露出堆肥土边缘，就需要换盆了。换盆时，选择一个比之前稍大一点的花盆，直径大约大5厘米。如果花盆过大，需要的堆肥土也会多得多，而且容易积水。大多数室内盆栽都喜欢通用营养土或室内植物专用土，但有些植物需要一种特殊的混合土，比如兰花和仙人掌。不要使用菜园土。最好在春天或夏天换盆。有些植物在刚换盆后看上去可能会有点蔫，只要继续像平常一样照顾就会恢复生机。

新鲜堆肥土

小花盆中的植株

把小花盆中的植株放到大一点的新花盆中，并加入新鲜堆肥土。

根从花盆底部冒出来

花叶万年青
（第62页）

大花盆中的植株

给那些大型且已成熟的植株换盆有难度，所以可以采取更换表层堆肥土的方式。用小泥刀或勺子将表层5~8厘米的堆肥土挖走（小心不要损坏根部），换上新鲜堆肥土。

大琴叶榕
（第76页）

如何换盆

根据下述步骤正确地把植株换到新花盆中。事先准备好一个新花盆和新鲜堆肥土。

1 在换盆前先给植株浇水。这样一来，换盆时会更容易移植并且少伤害到它。

2 在这个相对大一些的花盆中放入新鲜的堆肥土。

3 护住植株，将花盆倒置，然后取出植株。

留出
2~3厘米

6 浇水并且排出多余水分。

4 把植株放入新盆中。堆肥土表面要低于花盆边缘。

5 在植株与新盆之间撒上堆肥土，并慢慢压实。

换盆完成后，继续像平常那样进行养护。

植物虫害

一些"不速之客"可能会对盆栽植物造成伤害，甚至杀死植株。下面是一些如何识别害虫感染，以及如何拯救植物的方法。

如何防治虫害

防治害虫的最好方法就是让植株保持健康——害虫更喜欢攻击那些长势较弱、不健康的植物。

如果植株感染了某种害虫，大多数情况下可以用同一种杀虫剂来对付它。化学杀虫剂或天然杀虫剂都可以，天然杀虫剂是从植物或其他自然物质中衍生出来的。

粘虫板特别适合用来捕捉蚜虫、白粉虱和牧草虫，而且还可以帮助监测虫害感染程度。

如果把感染同一种虫害的盆栽摆在一起，可以尝试生物控制。这些天然杀虫剂通过引入捕食者（通常是肉眼看不见的）来攻击害虫，进而发挥相应的作用。

粘着
诱捕剂

大王秋海棠
（第44页）

注意

可能在植株哪些部位发现害虫

花蕾和茎部　叶子　堆肥土

害虫更喜欢攻击那些长势较弱、不健康的植株。

虫害

你可能会在植株上发现这些害虫的踪迹。而那些极易感染的植株会有更多细节可循。

白粉虱

白粉虱藏在叶子背面，当碰到植株时，大量的白色小虫会扑棱棱地飞起来。

💗 **处理方法** 把盆栽搬到室外，向植株喷水把小虫赶走；或者把整株植物放在一盆温水中浸泡一下。在植株附近挂一个粘虫板，能粘住大量害虫。

秋海棠叶子

蕈蚊

这些棕色或黑色的小昆虫也被称为"尖眼蕈蚊"，它们会在植物周围飞来飞去。虽然无害，但是很烦人。蕈蚊的幼虫主要以堆肥土中的有机物质为食，但有时会攻击植物的根部。健康的植株能经受住这种攻击，但是弱小的植株却不是它们的对手。

💗 **处理方法** 首先，让堆肥土表面1~2厘米保持干燥——这一方法对大多数植物都很适用。其次，使用一个黄色粘虫板来吸引昆虫，让它们远离植株。还可以在堆肥土表面覆盖上一层细碎的砾石或鹅卵石，防止昆虫产卵。

潜叶虫

如果在植株叶子上发现了棕色、白色或不透明的弯弯曲曲的痕迹，那就表明这些地方已经受到了潜叶虫的袭击。叶子上也可能有白点。

💗 **处理方法** 清除被感染的叶子，然后使用杀虫剂。

沿着叶片脉络形成的幼虫轨迹

菊花叶片
（第54页）

牧草虫

也被称为雷蝇，这些棕色或黑色小昆虫长着刺吸式口器。一般在长时间放在户外的植株上可能看到。如果植株感染了这种虫害，叶片颜色会变深且有杂色，叶子或花朵上会出现银白色条纹，而且植株扭曲生长。

💗 **处理方法** 使用粘虫板尤其是蓝色粘虫板，可以减少牧草虫的数量。还可以在植株上喷洒杀虫剂，或者尝试生物控制。

斑块

变叶木叶片
（第119页）

红蜘蛛

注意那些发白或有斑点的叶子，红蜘蛛会在叶子和茎之间形成蜘蛛网。如果用放大镜观察叶片背部，就能够看到红蜘蛛。

♥ **处理方法** 喷洒杀虫剂或进行生物控制。红蜘蛛在炎热干燥的环境中繁殖很快，因此，如果天气比较炎热干燥，就要每天给植株喷水以提升湿度。要保持警惕——可以用放大镜观察叶片背部，检查是否有红蜘蛛的痕迹。

洋常春藤叶片
（第80页）

定期检查植株，

在事态严重前解决问题。

象鼻虫

如果浇水适量，植株却枯萎了，那么罪魁祸首很可能就是象鼻虫幼虫。它们主要活跃在植物的根部、球茎或块茎中，会导致植物突然枯萎。

♥ **处理方法** 如果整个夏天都把植株放置在户外，建议在夏末或初秋时往堆肥土中加入杀虫剂，或采取生物控制来杀死所有活着的幼虫。如果植株大部分根都被吃掉，就无法恢复生机了。

在植株堆肥土中
找寻幼虫痕迹

石莲花
（第72页）

蚜虫

也被称为绿蝇，呈绿色、黑色、灰色或橙色。它们聚集在茎的顶端和花蕾上，吮吸汁液，分泌蜜露，这种蜜露会催生灰霉菌。而且蚜虫还会传播病毒。

❤ 处理方法 把虫擦干净，用水把虫冲下来，或者喷洒杀虫剂。在植株附近挂一个黄色粘虫板也可以发挥作用。

网纹草
（第78页）

介壳虫

这些像帽贝一样的昆虫看起来像茎部和叶子背面的褐色块状物。它们还会分泌出一种黏稠的汁液，催生灰霉菌。如果控制不住的话，会导致植株变弱，叶片发黄。

❤ 处理方法 把虫擦干净，或者在植株感染部位喷洒杀虫剂（不要在蕨类植物的叶片上喷杀虫剂，因为它们对化学物质很敏感）。也可以尝试生物控制。

粉介

这些移动缓慢的白色昆虫外面包裹着白色绒毛，多聚集在茎部、叶片节点和叶片背部，吸吮汁液，分泌黏稠的蜜露，然后催生灰霉菌。一旦感染就会导致叶片变黄、脱落并萎蔫。

❤ 处理方法 用湿布或浸过杀虫剂的棉签把虫擦下来。或者，每周给整株植物喷一次杀虫剂。也可以尝试生物控制。粉介很难被彻底消灭掉，最简单的办法是扔掉那些严重感染的植株。

大量介壳虫聚集在叶片中心

鹅掌藤叶片
（第118页）

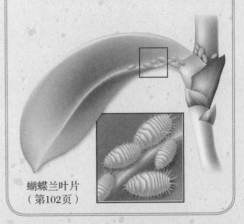

蝴蝶兰叶片
（第102页）

植物病害

预防病害的最好方法就是用正确的方法照料好植物，同时保持警惕！以下是一些如何发现并治疗植株病害的方法。

灰霉菌
感染区域
非洲堇叶片
（第112页）

植株枯萎
死亡
仙客来
（第60页）

白色粉尘
斑块
铜钱草叶片
（第108页）

灰霉病

在整株植物周围都能看到灰色茸毛，尤其是在阴凉、潮湿或密闭的环境中。

♥ 处理方法 盆栽从下面泡水，避免在叶子或冠上喷水。清除已经感染病害的部位和所有含有霉菌的堆肥土，并使用杀菌剂杀菌。降低喷水、浇水的频率并加强通风。

冠腐病和茎腐病

由于感染真菌，致使植物底部发黑、变软并开始腐烂。发生这类病害通常是由于环境阴凉、过度浇水或者浇水时把水溅到了茎的基部。

♥ 处理方法 可以切除病害部位并使用杀菌剂来拯救植株。避免过度浇水，把盆栽移到一个温暖且通风良好的地方。

白粉病

树叶上会出现一片片白色灰尘。如果盆栽摆放得过于密集、植株缺水或者环境比较炎热、潮湿，会更容易发生这种病害。虽不致命，但会削弱植株。

♥ 处理方法 清除感染病害的叶子，并使用杀菌剂杀菌。拉大盆栽之间的距离，促进空气流通。

长出
球状体

煤污病

黄色叶斑

铜叶椒草叶片
（第100页）

鹅掌藤叶片
（第118页）

球兰叶片
（第88页）

水泡

检查叶片背面，看有没有软的球状体生长。水泡是由浸水、高湿度和低光照引起的。

💗 处理方法　少浇水，降低房间里的湿度，把盆栽移到光照比较充足的地方。

煤污病

这种黑霉菌生长在蚜虫、白粉虱、鳞虫和粉介分泌的黏液上，它会影响光合作用，堵塞植物的气孔。

💗 处理方法　用一块干净的湿布擦掉霉菌，并清除病害感染部位（见第24页"植物虫害"）。

病毒

病毒感染的症状包括叶斑、叶片发黄、植株生长扭曲，以及花朵上出现白色条纹。

💗 处理方法　病毒可能是通过昆虫传播的，也有可能在把绿植带回家时病毒就已经存在于植株体内。一旦感染了病毒，基本就无药可救了。

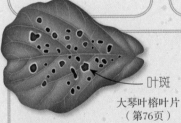

叶斑

大琴叶榕叶片
（第76页）

叶斑病

叶子上的棕色或黑色斑点外围经常有一圈黄色边缘。叶斑会不断变大、汇合，最后杀死一整片叶子。叶斑是由细菌或真菌引起的，而且当环境潮湿、植物密度过大，或者水喷洒在叶片上时更容易催生这种病害。

💗 处理方法　清除已经感染病害的叶子，用杀菌剂对植物进行杀菌。降低湿度并适当加大植株之间的间隙。

根腐病

这一病害主要是由浇水过多引起的。根腐病是一种真菌感染引起的疾病，它会导致叶片发黄、萎蔫，使叶子变成褐色，最后造成植株死亡。感染病害的根会发软发黑。

💗 处理方法　去掉堆肥土，检查植株的根部。可以用一把锋利的剪刀剪掉所有已感染病害的根须，只留下健康的白色根须。然后对植株进行修剪，以应对根须减少所带来的影响。之后用杀菌剂杀菌，再把植株放入已消过毒的花盆中，加入新鲜堆肥土。

腐烂区域

仙人掌
（第98页）

室内盆栽

锲叶铁线蕨

Adiantum raddianum

锲叶铁线蕨比较难养，植株呈拱形，对生长环境非常挑剔而且生长很慢——它对温度、湿度、光照要求都很严格。

养护须知

摆放位置

环境温度保持在15~21℃，冬季时温度不宜低于10℃。要远离暖气片和冷空气。这种植物对湿度要求很高，因此最好摆放在浴室。

光照

避免阳光直射，摆在北边的窗台，或是摆在东边窗口，享受散射光。

浇水与施肥

当堆肥土表层1厘米变干时，要给植株浇水，并慢慢排出多余的水分——堆肥土需要保持湿润。在春季或夏季大约每月施一次肥。

注意

把它放在一个铺满湿润鹅卵石的托盘中，定期对叶片进行喷雾，使叶片保持湿润——如果房间比较干热，可增加喷雾频率。对底部的叶子进行修剪。

提示

（见第27页）

叶子非常容易遭受介壳虫和粉介的攻击。

叶片呈褐色且发干变脆

可能是因为湿度过低、通风不佳、离暖气片过近、强光，或者是堆肥土过于干燥。

救治 剪掉那些感染虫害的叶子。查看植株是否处于强光地带或靠近暖气片。定期给植株喷雾，并且把它放在一个铺着湿润鹅卵石的托盘中。让堆肥土保持湿润。

叶片发白

如果植株叶子发白，可能是因为被太阳直射时间过长。在这种情况下，叶子上会留下阳光炙烤的痕迹。也有可能是植株需要施肥。

❤ **救治** 把它移至散射光地带。如果之前没有给植株施肥的话，那么现在就是亡羊补牢的时刻了。

该养护方法同样适用于

欧洲凤尾蕨
Pteris cretica

这种绿植的养护方法与锲叶铁线蕨大致相似，如果堆肥土偶尔发干也无大碍。

兔脚蕨
Davillia canariensis

兔脚蕨的养护方法与锲叶铁线蕨相似，且更耐旱。

锲叶铁线蕨
株高和冠幅：
可长至40厘米

叶片发黄

可能是由于植株缺水、浇水过多或温度波动过大。

❤ **救治** 检查堆肥土是否积水，并且确保植株摆放在远离暖气片或空调的地方。

美叶光萼荷
Aechmea fasciata

美叶光萼荷是一种具有异域风情的凤梨科植物，花期很长。它的莲座叶丛共同形成一种可以装水的中心"花瓶"。

养护须知

摆放位置
把盆栽摆在一个温暖的房间里，房间温度保持在13~27℃。空气流通很重要，所以需要开窗通风。

光照
美叶光萼荷需要强光，不过要避免阳光直射，否则会灼伤叶片。

浇水与施肥
使用蒸馏水、过滤水或雨水，把水浇在莲座叶子形成的中心"花瓶"中，确保水分一直保持在2~3厘米深。每隔两三周就把中心"花瓶"中的水清空并重新浇水，以避免水污浊。在夏季，当堆肥土最上面2~3厘米发干的时候，则需要给堆肥土浇水，之后要注意排水。

注意
如果房间比较温暖的话就需要提高湿度——把它放在一个铺满湿润鹅卵石的托盘中，每周对叶片喷雾1~2次，让叶片保持湿润。

提示	叶子非常容易遭受介壳虫和粉介的攻击。
(见第27页)	

叶片呈褐色，受潮或发蔫

这可能是患了冠腐病或根腐病，一般是浇水过多或排水不良造成的。

救治 检查植株是否患了冠腐病或根腐病。可以修剪病害感染区域，使用杀菌剂杀菌并重新移栽到新鲜堆肥土中。更多信息见第28~29页"植物病害"。

叶片发黄

开花或植株枯萎

这是正常现象。

救治 用一把比较锋利的刀割断花朵，尽可能地贴近叶子。美叶光萼荷只开一次花，但是如果继续好好照料的话，植株会继续长出"幼株"（在底座长出新植株）。当这些幼株长到主株1/3大小时，仔细地把它们割断并移植到单独的花盆中。

叶片发白

空气过于干燥或植株受到了阳光直射。

💗 救治 把盆栽摆放在阴凉处并定期给叶片喷雾。

叶片发黄

可能是由于空气过于炎热干燥、缺水或浇水过多造成的。也可能是由于浇水时使用了硬水。

💗 救治 给中心"花瓶"浇更多的水，并且给堆肥土浇一些水。增加喷雾频率。如果认为问题出在硬水的话，可以改用蒸馏水、过滤水或雨水。

该养护方法同样适用于

虎纹凤梨
Vriesea splendens

虎纹凤梨形状特殊，花穗呈剑状，养护方法与美叶光萼荷相同。

果子蔓
Guzmania lingulata

这是另一种受欢迎的凤梨科植物，养护方法同美叶光萼荷。因花朵形似菠萝出名。

美叶光萼荷

株高与冠幅：
可长至50厘米

黑叶观音莲

Alocasia x amazonica

观音莲喜欢炎热、潮湿的环境，叶片呈深绿色且带有深深的脉纹。

||||||||||||||||||||||||||||||||||||||||||||||

养护须知

 摆放位置
全年保持18~21℃的环境温度。空气流通很重要，所以需要开窗通风。避免靠近暖气片和空调，并远离冷空气。

 光照
夏季要避免阳光直射——最好把它摆在一个半阴凉的地方。冬季则移到一个比较明亮的地方。

 浇水与施肥
每隔几天给植株浇点水，使堆肥土保持湿润（但不要积水）。使用不凉的蒸馏水、过滤水或雨水。在春夏两季可每月施一次肥。冬季要减少浇水频率。

 注意
黑叶观音莲对湿度有极高的要求，把它放在一个铺满湿润鹅卵石的托盘中，经常给植株喷雾。植株的根大量长出花盆时应换盆，但最好是在春季。

叶片上出现棕色斑块
这是晒斑。

 救治 把盆栽移至一个更阴凉的地方，避免阳光直射。

棕色斑块

植株枯萎

冬季植株很有可能会冬眠，尤其是当温度降至15℃时。如果不是在冬天的话，植株枯萎可能是因为生长环境有问题。

救治 如果植株冬眠的话，等到来年春天，植株还会重新发芽——只要一如既往地正常照料就行。如果是其他情况，则需要检查一下摆放位置、光照以及浇水情况是否正常。

提示
(见第26~27页)

叶子非常容易遭受粉介、介壳虫和红蜘蛛的攻击。

叶片呈褐色且发干变脆

出现这种情况要么是由于湿度过低，要么是因为浇水时使用了硬水。

💗 救治 把它放在一个装满湿润鹅卵石的托盘中，然后经常给植株喷雾。浇水时使用蒸馏水、过滤水或雨水会有助于植株的恢复。

叶片呈棕色且干脆

植株萎蔫

可能是植株缺水或浇水过多造成的。浇水过多会导致根腐病。

💗 救治 检查堆肥土是否过干或过湿，调整浇水频率。如果植株仍然继续萎蔫的话，检查一下是否发生根腐病。清除病害感染区域，并使用杀菌剂杀菌，然后把植株移栽到新花盆中。更多信息见第29页"根腐病"。

黑叶观音莲

株高与冠幅：可长至150厘米

芦荟

Aloe vera

芦荟是一种极易生长的多汁植物，
叶片长有尖刺且呈多肉状。

ııııııııııııııııııııııııııııııııııııı

提示

（见第27页）

叶子非常容易
遭受介壳虫的
攻击。

养护须知

 摆放位置

把它摆在温度10~24℃的房间中。如果植株成熟且长势很好，就会开出黄色的花朵。

 光照

摆放在向阳地带（比如朝南的窗台上）。虽然会受到阳光的直射，但是芦荟可以自己慢慢适应。

 浇水与施肥

在春夏两季，当堆肥土最上面2~3厘米发干时需要浇水——具体浇水频率与盆栽摆放位置有关，大概是每周一次。冬季，要大大减少浇水量。春季施一次肥，夏季施一次肥。

 注意

芦荟喜欢排水良好的堆肥土，因此在养护芦荟或使用仙人掌堆肥土时铺一些沙砾或珍珠岩。在堆肥土表层铺一层沙砾能够使植株保持干燥，避免发生腐烂。当植株长得过大，原花盆装不下时，应换盆。芦荟会长出嫩枝——可以让这些嫩枝继续长在植株上，也可以把它们连根剪下移栽到独立的花盆中。

叶片干瘪萎蔫

此时需要给植株浇水。

❤ **救治** 稍微浇一些水并给叶片喷雾。第二天、第三天也一样——这样的话叶子会再次变得肥实起来。不要让堆肥土一直处在过于湿润的状态中。

叶片发棕、发红或呈红棕色

可能是夏季时植株在中午接受了过于强烈的阳光直射，或者是由于过度浇水造成的，还可能是植株根部受损造成的。

❤ **救治** 把盆栽移到向阳地带但是要减少阳光直射，减少浇水量。如果仍无法恢复生机，可以检查一下植株根部。

—— 棕红色叶片

叶片发白或发黄

如果整株植物发白或发黄，可能是浇水过多或光照不足导致的。

☀ **救治** 确保自己的浇水方法正确（见第38页）。把它移到一个更向阳的地方。

植株出现黑色斑点，叶片发棕或变得软稠

这很可能是浇水过多造成的。

☀ **救治** 等堆肥土变干后再浇水。确保花盆带有排水孔。避免在叶片上洒水，因为这些水会积在叶根部进而导致腐烂。

黑色斑点 —

芦荟

株高与冠幅：
可长至100厘米

该养护方法同样适用于

龙舌兰
Agave

龙舌兰非常喜欢光照充足的窗台，这种多肉植物的养护方法与芦荟相同。有些龙舌兰品种长有锐刺。

十二卷
Haworthia

这也是一种长尖刺的多肉植物，养护方法与芦荟类似。阳光直射下，叶子可能会发红。

火鹤花

Anthurium

火鹤花又被称作安祖花，非常容易养活。花朵呈卷曲状，颜色鲜红，具有异国风情；花期长达数周。

养护须知

摆放位置

火鹤花是热带植物，喜欢温暖潮湿的环境。可以摆在一个温暖的房间中（15~20℃），远离冷空气。

光照

摆在光照充足的地方，但是要避免阳光直射，可以摆放在距离朝阳窗户1米左右的地方。

浇水与施肥

不管什么时候，只要发现土壤表面开始发干就需要适当浇一些水，使堆肥土保持湿润但是不要积水。冬季要减少浇水量。在春夏两季可以每月给植株施一次肥。

注意

要给植株提供充足的湿度，定期给叶片喷雾（不要喷到花朵上），或者把盆栽放在装满湿润鹅卵石的托盘中。要经常用湿海绵擦拭叶子，并清理那些凋谢的花朵。在春季把植株移栽到一个稍微大一些的花盆中。

提示

（见第26~27页）

火鹤花的叶子非常容易遭受粉介和红蜘蛛的攻击。

晒伤

叶端变成棕色

是由于空气湿度不够或过多的阳光直射导致的，叶片很容易被灼伤。

救治 定期给叶子喷雾以增加湿度，或者把盆栽放在铺满湿润鹅卵石的托盘中。可以把盆栽移到没有阳光直射的向阳地带。

火鹤花
株高与冠幅
可长至50厘米

一直长叶却不开花

可能是光照不足、花盆过大或施肥不得当导致的。

❤ 救治 把盆栽移至光照更充足的地方。如果植株连根带土的球状部分与花盆之间的缝隙大于1~2厘米，可以把它移栽到一个稍微小一些的花盆中。每月给植株施一次肥，促使它早日开花（见第40页）。

叶片发黄

可能是浇水或施肥过多引发的。

❤ 救治 避免积水，等堆肥土表层发干后再浇水。必要时，可暂停一两个月的施肥。

非洲天门冬

Asparagus densiflorus Sprengeri Group

非洲天门冬其实并不属于蕨类植物，而是属于百合科，这种植物很容易成活，叶片呈羽毛状，很雅致。

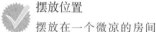

养护须知

摆放位置

摆放在一个微凉的房间（7~21℃），远离直接热源，如暖气片。该植物喜欢潮湿一些的环境，因此非常适合摆放在浴室。也能够跟其他植物摆在一起养。

光照

比较明亮的散射光照。

浇水与施肥

当堆肥土顶层2~3厘米变干时可以浇一些水。不要让堆肥土干透或积水。冬季减少浇水量。在春季和夏季，每月给植株施一次肥。

注意

在冬季，如果房间里有暖气的话要时不时地给植株喷雾。剪掉植株底部发黄的茎。如果植株的连根带土的球状部分接触到了花盆边缘，就需要在春季时换盆了。

非洲天门冬

株高与冠幅：
可长至30厘米

叶片发黄

植株基部的老叶会随着时间的推移自然变黄。如果叶片大面积发黄，可能是室内温度过高、光照过强、植株缺水或浇水过多导致的。一定要确保堆肥土没有积水，否则会导致根腐病。

❤ **救治** 远离暖气片或移到更凉爽的房间，放在一个稍微阴凉一点的地方。如果堆肥土有积水，那么要让它慢慢变干，必须在堆肥土表层2~3厘米变干后再浇水。检查植株是否患了根腐病（见第29页"根腐病"）。

大面积发黄

提示

（见第26页）

叶子容易遭受红蜘蛛的攻击。

叶片边缘呈棕色

可能是光照过多或堆肥土已经变得干硬。

❤ **救治** 把盆栽移到一个更为阴凉的地方。给植株浇水并慢慢排出多余水分。

棕色叶片

该养护方法同样适用于

文竹
Asparagus setaceus

文竹的养护方法与非洲天门冬类似，只不过文竹更喜欢高湿度的环境，而且对光照的要求低一些。

三角紫叶酢浆草
Oxalis triangularis

三角紫叶酢浆草是鳞茎植物，养护方法也与非洲天门冬类似。冬季枝叶会枯萎。

大王秋海棠

Begonia rex

大王秋海棠种类繁多，叶子非常漂亮，叶片上，深红色、银色、紫色、绿色与红色相映成趣。

养护须知

摆放位置
理想的状态是让植株全年处在18~21℃的环境里。绝对不能高于21℃。在冬季，植株可以在13℃的环境下存活，但是不能低于13℃.

光照
把植株摆放在光线良好的散射光照环境中。避免阳光直射，否则会造成叶片灼伤。

浇水与施肥
浇水，让堆肥土保持湿润，夏季尽量等堆肥土微微发干后再浇水。最好采取从下往上泡水的方式，避免茎基部积水（见第18页"浇水"）。冬季只需保持湿润即可。

注意
必要时可以在春季换盆。定期转动花盆，保证植株各部分生长均衡。保证通风良好。

> **提示**
> （见第25~27页）
>
> 容易受到蚜虫、红蜘蛛、白粉虱和牧草虫的攻击。

叶片上出现白色粉状物

这是白粉病，大多是由干旱或温度过高、环境潮湿、通风不良造成的。

❤ **救治** 清理掉病害感染区域，并使用杀菌剂杀菌。更多信息见第28页"白粉病"。

白色粉状物

叶片缺失

可能是浇水过多或环境温度过高导致的。如果植株变得修长，那么可能是因为光照不足。

❤ **救治** 把盆栽移到光照更为充足的地方，避免阳光直射。检查室内温度和植株浇水情况。

叶片发黄

可能是因为浇水过多或过少，或者是光照不够充足。

💗 **救治** 检查植株养护情况和摆放位置（见第44页）。

植株某些部位长了灰色茸毛

这种灰色茸毛是灰霉菌（灰霉病），主要是由于环境过于凉爽、潮湿、拥挤，或者浇水时把水喷到了植株叶片上造成的。

💗 **救治** 使植株远离其他秋海棠，以避免其他植株被传染，并且加强通风。清理掉病菌感染区域并使用杀菌剂杀菌（见第28页"灰霉病"）。

该养护方法同样适用于

冬花秋海棠
Begonia Eliator Group

冬花秋海棠的花朵小巧、漂亮，颜色丰富。经常清理枯花会延长自身花期。

球根秋海棠
Begonia spp.

经常摘掉枯花会延长自身花期。在花季结束后，将植株的地上部分剪掉，挖出球根，将土清理干净，放在阴凉干燥处越冬。第二年开春再种。

大王秋海棠

株高：
可长至60厘米

冠幅：
可长至45厘米

五大
桌面植物

让工作场所绿意盎然可以提高工作效率并减少工作压力。科学研究表明某些植物可以吸收空气中的毒素。一个比较合适的桌面盆栽应该比较简单并且对光照条件要求不太高。

富贵竹

Dracaena sanderiana

我们无法保证富贵竹可以使你升职加薪，但是它的确会让你在工作时心情愉悦。把它种在堆肥土中，或者直接插在玻璃瓶中，然后加入蒸馏水、过滤水或雨水。

见第70页，富贵竹

彩叶凤梨

Neoregelia carolinae f. tricolor

彩叶凤梨的叶子会不断生长，在开花前，叶子会变成粉红色。在叶子形成的中心"花瓶"中加满水。

见第49页，彩叶凤梨

柱叶虎尾兰

Sansevieria canaliculata

柱叶虎尾兰是那种叶片比较尖的虎尾兰品种，且叶子呈圆柱形。这种植物不需要过多的照料，对浇水也没有什么要求，即使出门一段时间，它的生长也不会受到太大影响。

见第115页，柱叶虎尾兰

铜叶椒草

Peperomia metallica

铜叶椒草是观叶植物，非常引人注目。这种绿植长得很小巧，而且可以适应办公大楼的荧光灯环境，非常适合在办公室摆放。

见第100页，铜叶椒草

千年木

Dracaena marginata

千年木是一种非常好的空气净化小能手，而且很容易养活，即便浇水不规律也不会影响它的生长。千年木可以长得非常高，但是因为枝干很细所以并不会占据太多空间。可以摆放在比较阴凉的地方。

见第69页，千年木

垂花水塔花

Billbergia nutans

垂花水塔花是最易养活的凤尾科植物之一。
可以把它种在悬挂的花盆中。

|||||||||||||||||||||||||||||||||||||||||||||||||||||||||||||||||

提示

（见第27页）

叶子很容易遭受粉
介和介壳虫的攻击。

养护须知

摆放位置

应摆放在温度在5~24℃的房间中。
只有在24℃左右它才会开花。

光照

摆放在向阳地带，但是要避免阳光直射。

浇水与施肥

浇水时使用蒸馏水、过滤水或
雨水，浇在"花瓶"（莲座
叶丛的中心位置）中，确保水量一
直保持在2~3厘米左右的深度。每隔两三周
需要把原有的水倒掉，然后再重新浇水以
避免水变污浊。保持堆肥土湿润即可。在
春夏两季每月给植株施一次肥，可以在植
株中心加入半加强型营养液。

注意

把盆栽放在铺满湿润鹅卵石的托盘
中，保证相应的湿度。栽培3年就会
开花。花谢后要轻轻地清理掉那些凋谢的花
朵。春季植株开花后，植株会长出"幼苗"
（在底部长出新的植株），在这一过程中老
植株也会慢慢死去。当新生幼株长到原有植
株的1/3大小时，要移栽到新的花盆里。

叶尖发黄

很有可能是因为花盆已经无法
满足植株的生长需要。

☀ **救治**　等植株开花后，在
春季换盆。

叶尖呈棕色

可能是空气过于干燥或用硬水浇花导致的。

💜 救治 如果房间过于温暖的话，可以定期给叶子喷雾。浇水时使用蒸馏水、过滤水或雨水。

花朵滴水

这是花蜜，当移动或触碰花朵时，花蜜就会从花朵中滴落下来——因此垂花水塔花俗称女王的眼泪。

💜 救治
什么也不用做。

该养护方法
同样适用于

紫花凤梨
Tillandsia cyanea

紫花凤梨的养护方法与垂花水塔花类似，不过紫花凤梨喜欢更温暖一些的房间（14~25℃）。

彩叶凤梨
Neoregelia carolinae f. tricolor

彩叶凤梨的养护方法与紫花凤梨类似。在开花之前，彩叶凤梨中心会变红（被称为"脸红"）。

垂花水塔花
株高与冠幅：
奇长至50厘米

不开花

植株长到第3年时
会开花。如果植株已经成熟却仍未开花的话，可能是因为室内温度过低，或者摆放的位置过于阴凉。

💜 救治 把盆栽移到比较温暖的向阳地带，但要避免阳光直射。

孔雀肖竹芋

Calathea

孔雀肖竹芋是观叶植物。孔雀肖竹芋叶片背部呈红色。

,,,,,,,,,,,,,,,,,,,,,,,,,,,,,,,

养护须知

摆放位置

孔雀肖竹芋是热带雨林植物，因此需要放在比较温暖的房间（16~20℃）。它对湿度有一定的需求，浴室是一个比较理想的摆放位置。要避免室内温度大幅度波动。

光照

可以摆放在半阴凉的向阳地带，避免阳光直射。

浇水与施肥

从春季到秋季，堆肥土要保持湿润（但不要过于潮湿）。孔雀肖竹芋对自来水中的化学物质比较敏感，所以浇水时要用蒸馏水、过滤水或雨水。确保花盆排水良好。冬季要减少浇水量。在春季、夏季和秋季各给植株施一次肥。

注意

为了保持相应的湿度，需要把盆栽放在铺满湿润鹅卵石的托盘中并每天喷雾。把它跟其他绿植摆在一起也可以提高湿度。不定期地擦拭叶片，避免蒙尘。在春季换盆。

孔雀肖竹芋

株高：
可长至24厘米

冠幅：
可长至15厘米

叶片下垂

这种情况可能是浇水过多引起的，也可能是因为植株太冷或暴露在冷空气中。

❤ **救治** 让堆肥土保持湿润即可，不要积水。冬季减少浇水量。试着把盆栽移至温暖但无阳光直射的地方。

提示

（见第26页）

叶片容易遭受红蜘蛛的攻击。

变成棕色的叶子边缘

叶端或叶子边缘呈棕色

可能是由于空气过于干燥、施肥过多或浇水时使用了硬水。

❤ **救治** 每天给植株喷雾，并把盆栽放在铺满湿润鹅卵石的托盘中。可以跟其他绿植摆放在一起以增加湿度。使用蒸馏水、过滤水或雨水。

叶片褪色或灼伤

可能是因为植株受到了阳光直射。

❤ **救治** 把盆栽移至一个比较阴凉的地方。

褪色的叶片

该养护方法同样适用于

竹芋
Maranta

竹芋的养护方法与孔雀肖竹芋相同。叶子在晚上会合上，就像人类在祈祷时合上双手一样。

紫背竹芋
Stromanthe

紫背竹芋对湿度的要求更高一些。环境温度要保持在18℃以上，浇水时避免用冷水或硬水。

吊兰

Chlorophytum comosum

吊兰非常适合新手种植，因为它特别容易成活。建议养在悬挂的花盆中。

||||||||||||||||||||||||||||||||||||||||||||||||||||||||||||||

提示

（见第26页）

叶子容易遭受红蜘蛛的攻击。

养护须知

摆放位置
环境温度应保持在7~24℃。

光照
摆在阳光充足的地方，但要避免阳光直射。

浇水与施肥
让堆肥土保持湿润但不要积水。冬季要减少浇水量。除了冬季，其他季节可以每隔几周给植株施一次肥。

注意
每年春季把植株的幼株移栽到一个稍微大一些的花盆中。当白色的肉质根长到花盆外面时，要给成熟的植株换盆。成熟的吊兰会长出"小幼苗"或"幼株"，可以把这些幼株剪下来单独栽种。如果这些幼株长出了小根，可以直接移栽到新的堆肥土中。如果幼株并未长出根的话可在水里泡几周，直到幼株长出新根再移植。

叶片上出现棕斑

虽然植株可以忍受有暖气的房间里炎热、干燥的空气，但是叶尖会发黄。营养不良或浇水过少也会导致植株叶片发黄。

❤ 救治 剪掉叶片黄色部分并把植株移到一个比较凉爽的房间。确保定时给植株施肥、浇水。

冬季叶片出现褐条

可能是在阴凉的环境里浇水过多导致的。

❤ 救治 剪掉那些难看的叶子。确保在冬季减少浇水量——堆肥土只需保持湿润即可。

褐色条纹 ←

叶片变黄

植株根部附近的土壤过干，有可能是患了根腐病。

♥ 救治　清理掉发黄的叶子。从春季到秋季都需要好好浇水。如果植株长出花盆，就需要换盆了。检查是否发生了根腐病（见第29页"根腐病"）。

叶片发白

光照过强、植株缺水，或者是冬季日照过少、温度过低都会导致叶片发白。

♥ 救治　避免阳光直射，并认真浇水。在冬季，把盆栽移到一个更温暖、阳光更充足的房间中。

该养护方法同样适用于

绿萝

Epipremnum

绿萝的养护方法与吊兰相似。绿萝会顺着一个杆子往上爬或长出花盆往下垂。

合果芋

Syngonium podophyllum

合果芋的养护方法也与吊兰类似。植株会沿着花盆爬出来，所以把它种在悬挂的花盆中看起来会特别漂亮。

吊兰

株高：
可长至20厘米

冠幅：
可长至30厘米

菊花

Chrysanthemum

菊花颜色丰富并且花期可以持续数周。在选购盆栽时，宜选择那种带有花朵或花苞的植株。

提示

（见第24~27页）

> 叶子容易遭受蚜虫、潜叶虫和红蜘蛛的攻击。

养护须知

 摆放位置

环境温度应保持在10~15℃，这样可以延长花期。凉爽房间的窗台是一个比较理想的摆放地点。

 光照

为植株提供充足的散射光照，避免阳光直射。

浇水与施肥

菊花喜欢水，所以要让堆肥土保持湿润（但不要积水）。隔几周给植株施肥一次。植株的花期内不需要第二次施肥。

 注意

花谢后要摘去植物的枯花。植株往往在开花后就被扔掉，不过可以试着把它栽种在花园里。植株在售卖前一般都注射了矮化植株的激素，移栽到户外后，植株会恢复正常的生长速度，而且可能会在秋天开花。

叶片萎蔫

植株需要浇水。

 救治 给植株浇水并保证堆肥土湿润，但不要积水。

萎蔫的叶片

花期过短

温度过高会使花朵开得更快，凋谢得也更快。

❤ **救治** 把花移到10~15℃的阴凉地带。

叶片出现茸毛状灰霉菌

这种灰霉菌也被称为灰霉病，可能是由于植株长时间包裹在玻璃纸中产生的。

❤ **救治** 清除掉灰霉菌感染区域，并使用杀菌剂杀菌。更多信息见第28页"灰霉病"。

茸毛状的灰霉菌

菊花

株高与冠幅：可长至30厘米

花苞迟迟不盛开

可能是因为植株没有得到充足的光照。如果花苞完全是绿色的，可能不会再开花。

❤ **救治** 把盆栽移到阳光充足的地带。

该养护方法同样适用于

微型月季
Rosa

按照照料菊花的方法来对待微型月季，在室内花盆中生长的微型月季会长势不错，但只能存活数周。因此，应尽量把植株种在花园里。冬季植株会休眠。

德国报春花
Primula vulgaris

在春季和冬季，德国报春花会给家里增添一抹令人愉悦的色彩。用照料菊花的方式照料它，花期结束后就移栽到花园中。

君子兰
Clivia miniata

君子兰原产于非洲南部。早春时节开花，花都在一根茎上，花朵呈红色、橘色或黄色，非常漂亮。

养护须知

摆放位置
从春季一直到晚秋，都要摆放在比较温暖的房间。冬季可以把盆栽移到温度为10℃的房间休眠3个月——这样可以促进植株长出花蕾。之后再把它移回原来的位置。

光照
喜强光，但必须是散射光。

浇水与施肥
从春季一直到晚秋，都要让堆肥土保持湿润。冬季要减少浇水量，让堆肥土接近于干燥。从春季到秋季，每月给植株施一次肥；冬季则不用施肥。

注意
要不定期地擦拭叶片。当植株正值花期或长花蕾时不要移动花盆。花期过后，将植株底部枯死的花穗修剪掉。在夏末植株可能会二次开花。因为君子兰害怕折腾，所以只在花期结束、植株的根长到花盆外时才换盆。

叶片上出现白色或棕色斑块
叶片被阳光灼伤了。

救治 避免阳光直射。

叶子上的
白色斑块

提示
（见第26~27页）

叶子容易遭受粉介和红蜘蛛的攻击。

植株底部叶片呈棕色
当老叶枯死时就会发生这种现象。

救治 这属于正常现象，只需要轻轻地清理掉这些棕色叶片即可。

叶片发黄

这可能是施肥过度或植株缺水造成的。

☀ **救治** 在不同季节对植株正确进行施肥和浇水。

黄色叶片

花穗过短、春未开花

很有可能是因为在冬季缺少休息，也有可能是因为花盆过大，或者是植株休眠后浇水不够导致植株缺水。

☀ **救治** 如果植株已经经历了休眠，那么要保证堆肥土是湿润的。检查花盆是否过大——植株球根距离花盆边缘2~3厘米即可。

君子兰

株高：
可长至45厘米

冠幅：
可长至30厘米

燕子掌

Crassula ovata

燕子掌是一种不需要怎么照料且寿命长的多肉植物。形状像一棵小树，而且据说可以带来好运。冬季开花。

养护须知

 摆放位置
摆放在洒满阳光的窗台上，温度保持在18~24℃。冬季最低可以忍受10℃的环境。

 光照
提供充足的散射光。

浇水与施肥
适度浇水；等到堆肥土表层2~3厘米发干时再浇水。冬季要减少浇水量。春季施一次肥，夏季再施第二次肥。

 注意
清理掉那些枯萎的老叶。在春季，可以稍微修剪一下植株形状。种在一个有分量的花盆中，这样可以避免植株因为头部过重而歪倒。

提示

（见第27页）

茎和叶子容易遭受粉介的攻击。

叶片发黄

可能是浇水过多导致的。

☀ **救治** 让堆肥土慢慢变干，并检查花盆排水是否良好。

植株掉叶

老叶会慢慢枯萎并自然掉落，而新叶在外部环境不利时会发生脱落（比如突然把盆栽移至强光下、浇水过多或过少）。

☀ **救治** 如果堆肥土特别干燥，就要及时浇水；如果堆肥土积水则需要排除积水并使其慢慢变干。需要换个地方摆放时，可以用一周时间将其逐步移到理想的摆放位置，以使其慢慢适应新环境。

掉落的叶片

叶片和茎发生枯萎

植株缺水。

☀ **救治** 每天给植株浇一些水，连续浇几天，叶片很快就会再次焕发生机。不要让堆肥土积水。

枯萎的叶片 →

该养护方法同样适用于

翡翠珠
Senecio rowleyanus

这种非常养眼的悬挂类植物与燕子掌的养护方法类似。

植株瘦弱

植株需要更多的阳光。

☀ **救治** 把盆栽移至一个阳光更充足的地方。

燕子掌

株高与冠幅：
可长至100厘米

爱之蔓
Ceropegia woodii

爱之蔓的养护方法与燕子掌类似，很适合悬挂。

仙客来

Cyclamen persicum

仙客来是一种魅力十足的室内盆栽，从秋季到来年春季，花朵都非常鲜艳，是一种非常常见的观赏植物。

IIIIIIIIIIIIIIIIIIIIIIIIIIIIIIII

养护须知

摆放位置

如果秋季（花期伊始）购买仙客来时植株已有花苞，把它摆放在一个比较凉爽的房间里，花期可以持续数月。仙客来不喜高温，但温度也不能过低——最好是保持在10~15℃。

光照

避免阳光直射——比较理想的位置是朝北的窗台。

浇水与施肥

只需让堆肥土保持湿润即可，从植株底部泡水，把花盆放在装满水的浅盆中浸泡30分钟（见第18页"浅盘泡水"）。这样可以避免植株叶片和茎被弄湿。

注意

修剪并清理掉那些枯花死叶。大多数盆栽在花期结束后就会被扔掉，不过也可以一直让它自然生长（见第61页"不再开花"）。

叶片发黄

可能是因为环境
温度过高、浇水过多或过少、阳光直射。如果是春季的话，植株会慢慢自然死亡。

救治 清理掉那些发黄的叶片。避免阳光直射，摆放在温度15℃左右的地方。保持堆肥土湿润，采取从下面泡水的浇水方法（见第18页"浅盘泡水"）

黄叶

开花情况不尽如人意

仙客来在低温环境下花开得最好，因为高温会导致植株过早进入休眠。在花季结束后，会停止开花。

❤ **救治** 检查环境温度是否过高，保证植株养护方法合理正确（见第60页）。最好是在秋季选购仙客来，选择那种花蕾多的植株。这类植株的花期最长，因为当原有花朵凋谢后，花蕾会不断开出新花。

植株濒临死亡

出现这种情况很可能是因为浇水过多，或者是植株患了根腐病。

❤ **救治** 查看茎的底部是否发生了根腐病；清除掉病害感染区域。更多信息见第29页"根腐病"。根腐病很可能会导致植株死亡。

（见第60页）
第29页"根腐病"

该养护方法同样适用于

杜鹃
Rhododendron simsii

杜鹃的养护方法与仙客来相同，让堆肥土保持湿润。杜鹃花不喜欢硬水，浇水时使用软水或雨水。把盆栽摆放在阴凉地方，开花会开得更好。

萎蔫

仙客来

株高：
可长至20厘米

冠幅：
可长至15厘米

不再开花

仙客来在夏季会慢慢枯萎，进入休眠期。

❤ **救治** 当花期结束或春季叶片发黄萎蔫时，要停止浇水。夏季把盆栽放到室外干燥阴凉的地方，只需让堆肥土湿润即可（如果你居住在湿润地区，那么可以不挪动盆栽的位置）。秋天重新把盆栽移至室内，发现植株重新生长时再浇水。

花叶万年青

Dieffenbachia

花叶万年青的英文名字为Dumb cane（哑巴植物），源于其分泌的毒素会导致暂时性的失语。它以枝叶茂密为大家所知。

IIIIIIIIIIIIIIIIIIIIIIIIIIIIIIIIIIIIIIIIII

养护须知

摆放位置
摆放在16~24℃的房间里。花叶万年青的叶子比较茂密，不喜寒冷或干燥的环境。

光照
夏季摆放在半阴凉地方。冬季可以把它移到阳光比较充足的地方。

浇水与施肥
从春季到秋季，等堆肥土表层2~3厘米变干时浇水。冬季要减少浇水量。每月给植株施一次肥。

注意
定期给植株叶片喷雾，为其提供相应的湿度，并把盆栽放在铺满湿润鹅卵石的托盘中。每月擦拭一次叶片。在春季换盆。

提示

（见第27页）

叶片容易遭受粉介的攻击。

植株下部叶片发黄

很有可能是温度过低或冷风导致的

☀ **救治** 把盆栽移到一个温暖的房间，避免受寒。

叶片发白

光照过多或阳光直射会导致叶片看上去像被漂白了一样。

☀ **救治** 把盆栽移到比较阴凉的地方。

植株掉叶

可能是因为室内温度过低或有冷空气。

💙 救治　检查室内是否有冷空气进入，并把盆栽移到比较温暖的地方。

叶片边缘呈棕色

可能是由于堆肥土过于干燥、空气过于干燥或寒冷导致的，也可能是施肥过多。

💙 救治　给植株浇水让堆肥土保持湿润，但不要积水，而且只有在堆肥土表层2~3厘米发干时再浇水。增加周围环境的湿度，把盆栽移至比较温暖的地方，并检查植株的施肥情况（见第62页）。

花叶万年青
株高与冠幅：
可长至60厘米

该养护方法同样适用于

心叶喜林芋
Philodendron scandens

心叶喜林芋在售卖时往往会在花盆中央插一个圆柱，以便心叶喜林芋绕着圆柱攀缘生长。该植株叶片有光泽，并且可以忍受阴凉环境。养护方法与花叶万年青相同。

红苞喜林芋
Philodendron erubescens

这是一种生长缓慢的攀缘植物，养护方法与花叶万年青类似。幼株的叶片呈紫色。

捕蝇草

Dionaea muscipula

捕蝇草是一种魅力十足的食虫植物。叶子顶端长有捕虫夹，当有小虫闯入时，它能以极快的速度将其夹住，并慢慢消化吸收。

养护须知

 摆放位置

摆放在相对比较温暖的（7~21℃）房间里，摆在朝南的窗台上。冬季摆在没有暖气的房间（7℃）。

 光照

充足的光照，可以接受一些直射光照。

 浇水与施肥

在植株的生长期需要让堆肥土保持湿润，把它放在装有水的浅盘中；在植株休眠期只需让堆肥土保持湿润即可。浇水时使用蒸馏水、过滤水或雨水。捕蝇草会从自己捕食的昆虫中汲取营养，所以不用施肥。夏季如果室内没有小昆虫的话，可以把捕蝇草放在室外几天，让其捕食猎物。

 注意

把捕蝇草种在比较贫瘠的混合型堆肥土中。用剪刀剪掉已经枯死的捕虫夹。植株会在夏季开花。花朵的存在会削弱植株的生命力，所以最好把花朵剪掉。必要时可以在早春换盆。

变绿、变软的叶子

红色叶片变绿发软

可能是因为浇水不当或湿度不够。如果不尽快补救的话，植株可能会死亡。

❤ 救治 给植株叶片喷雾以增加湿度。检查浇水情况（见"浇水与施肥"）。

捕虫夹发黑

秋冬时节，植株会进入休眠，捕虫夹也会死亡。

❤ 救治 这属于正常现象。开春后植株重新生长时，会长出新的捕虫夹。

捕虫夹发黄、发棕或发黑

突然从阴凉地带移至光照非常充足的地带时就会出现这种现象。

❤ 救治 用一周的时间让植株逐步适应比较明亮的环境。

被灼伤的叶片

捕虫夹无法合拢

可能是因为你过于频繁地用手指去试探造成的。

☀ 救治 每个捕虫夹一生只会合拢四五次，所以尽量不要"挑逗"植株。

提示

（见第26~27页）

容易遭受蚜虫和红蜘蛛的攻击。

捕蝇草

株高：
可长至45厘米

冠幅：
可长至15厘米

该养护方法同样适用于

瓶子草
Sarracenia

瓶子草会捕捉并吞食落入瓶子中的小虫。它的养护方式与捕蝇草一样。

猪笼草
Nepenthes

小虫若落入其颜色鲜艳的瓶状体中就会被捕食。养护方式与捕蝇草相同。

五大
向阳植物

太阳光可能会对很多室内盆栽造成灼伤，但是有一些植物非常喜欢阳光，如仙人掌和多肉植物。要让它们慢慢适应环境，但要避免夏日正午强光直射。把它们摆放在一起的话，看起来会特别漂亮。可以试着种植以下5种。

石莲花
Echeveria

这种莲座形状的多肉植物可以接受一些直射阳光。石莲花的花非常漂亮，呈黄色、橘色或粉色，花朵似钟形。

见第72页，石莲花

仙人掌
Opuntia

仙人掌品种很多，形状大小各异。沙漠仙人掌原产于非洲北部、中部和南部——难怪它特别喜欢强光！

见第98页，仙人掌

燕子掌

Crassula ovata

燕子掌需要大量光照，并且可以接受一些直射阳光。这种植株在购买时一般非常幼小，所以最完美的摆放地点就是向阳的窗台。植株寿命很长，而且在每年冬季可能会开出小花。

见第58页，燕子掌

芦荟

Aloe vera

这种带有尖刺的多肉植物喜欢阳光充足的地方，甚至可以接受一些直射阳光。成熟的植株会在其基部长出分枝（新的幼株）。

见第38页，芦荟

捕蝇草

Dionaea muscipula

捕蝇草需要大量光照和一些直射阳光。这种植物非常好玩儿，当有小虫落在捕虫夹上时，捕虫夹会迅速合拢，把猎物困在里面。

见第64页，捕蝇草

香龙血树

Dracaena fragrans

香龙血树叶片呈带状，是一种
室内观赏性灌木，浇水不规律
也没关系。

||||||||||||||||||||||||||||||||||||

养护须知

摆放位置

可摆在靠近朝东或朝西的窗口，
房间温度保持在13~21℃。

光照

避免阳光直射。

浇水与施肥

从春季到秋季，当堆肥土表
层2~3厘米变干时就可
以浇水。冬季，只需让堆肥土
保持湿润即可。从春季到秋季，
可以每月给植株施一次肥，但是在冬季则
不必如此。香龙血树在某种程度上可以接
受不规律的浇水。

注意

要不定期地擦拭叶片，并清理枯
叶。植株对湿度有一定的需求，
因此可以把盆栽放在铺满鹅卵石的水盘
中，每周喷几次水。

提示

（见第27页）

注意检查叶片上是否有
粉介和介壳虫。

叶片萎蔫

可能是浇水过多或过少，也有可能是
植株患了根腐病。

救治 确保自己浇水方式是正确
的（见左侧）。检查花盆是否排水良
好。如果这种问题仍然存在，检查
是否发生了根腐病，并清理掉病害
感染区域。更多信息见第29页
"根腐病"。

叶片出现棕色斑点

很可能是因为空气过于干燥，也可能是因为给植株浇水过少。

❤ 救治 增加湿度并确保自己在每个季节的浇水方式都是正确的（见第68页"浇水与施肥"）。

植株基部叶片发黄

种上几年之后植株所有叶片都会自然发黄然后掉落。

❤ 救治 别担心，只要轻轻清理掉发黄叶片即可。

香龙血树

株高：
可长至150厘米

冠幅：
可长至75厘米

发黄叶片

该养护方法同样适用于

千年木

Dracaena marginata

千年木的养护方式与香龙血树相同。植株长得又细又高，所以如果室内空间不足的话，千年木是一种很好的选择。

百合竹

Dracaena reflexa

百合竹的养护方式与香龙血树相同。叶片繁茂，呈掌状，围绕植株主干盘旋生长。

富贵竹
Dracaena sanderiana

富贵竹根状茎横走，盘旋扭曲。富贵竹既可以种植在堆肥土中也可以插在水中水培。

养护须知

 摆放位置
环境温度应保持在16~24℃，冬季绝不能低于10℃。不要摆放在风口或是温度波动比较大的地方。

 光照
摆放在向阳地带，避免阳光直射。

 浇水与施肥
对自来水中的化学物质比较敏感，所以浇水时要使用蒸馏水、过滤水或雨水。如果是种植在堆肥土中，摸到堆肥土微微有些发干时可以浇水。冬季要减少浇水量。在春季和夏季各给植株施一次肥。如果水培的话，可以每隔两个月稍微加一点营养液。

注意
如果是种植在堆肥土中，可以每隔两年换一次盆。如果水培的话，水深至少要达到5厘米，确保水可以没过植株根部。每周给植株换一次水（微温的水）。

叶尖呈黄褐色

不论植株是养植在堆肥土中还是水中，出现这种情况都可能是因为自来水中的化学物质，或者是由于房间过于干燥。

☀ **救治** 浇水时使用蒸馏水、过滤水或雨水。如果怀疑是湿度过低致使叶尖变成黄褐色的话，可以每隔几天给植株喷雾。

水培用的水中长出绿藻

有可能是自来水中的化学物质或光照过多导致的。

☀ **救治** 清洗容器和容器内的鹅卵石。使用透明容器，并装入蒸馏水、过滤水或雨水。避免阳光直射。

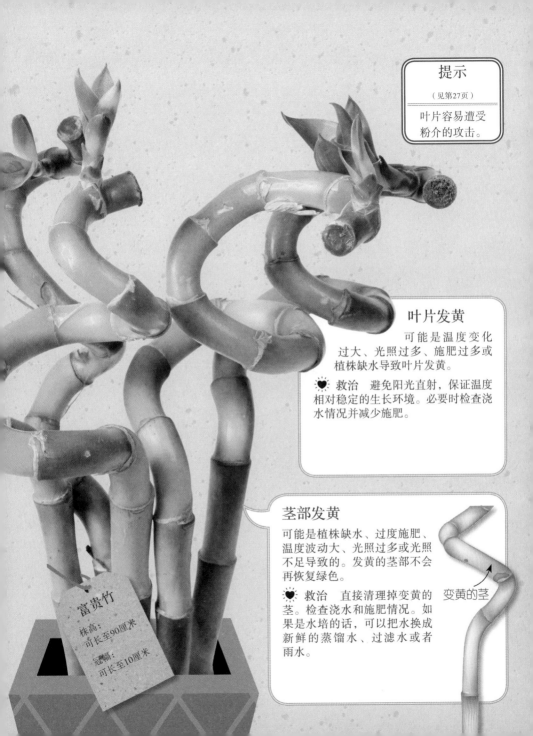

提示

（见第27页）

叶片容易遭受
粉介的攻击。

叶片发黄

可能是温度变化
过大、光照过多、施肥过多或
植株缺水导致叶片发黄。

❤ 救治　避免阳光直射，保证温度
相对稳定的生长环境。必要时检查浇
水情况并减少施肥。

茎部发黄

可能是植株缺水、过度施肥、
温度波动大、光照过多或光照
不足导致的。发黄的茎部不会
再恢复绿色。

❤ 救治　直接清理掉变黄的
茎。检查浇水和施肥情况。如
果是水培的话，可以把水换成
新鲜的蒸馏水、过滤水或者
雨水。

变黄的茎

富贵竹

株高：
可长至90厘米

冠幅：
可长至10厘米

石莲花

Echeveria

石莲花的品种繁多，都会在长茎顶
端开出小花。

养护须知

 摆放位置

环境温度保持在10~24℃。如果
堆肥土干燥的话，温度稍低一些
也可以接受。

 光照

为植株提供充足光照。自身逐步
适应环境后，可以接受一些直射
阳照。

 浇水与施肥

从春季到秋季，等堆肥土表层
2~3厘米发干后浇水。冬季要减
少浇水量。在春夏两季可以每月给植株
施一次肥。

 注意

在堆肥土表层铺一层沙砾——
这样可以让植株茎部保持干
燥，并且可以让植株看上去更漂亮、精
致。不要使用过大的花盆，使用稍小的
花盆会更好。可以在堆肥土中加入一些
观赏性的粗砂石，提高排水性能。与长
大后的成熟植株相比，幼株需要更多的
照料。夏季可以摆放在室外，让它"度
个假"。

植株基部叶片发干、发脆

老叶子死亡时就会出现这种情
况。这属于正常情况，所以不需
要担心。

❤ **救治** 只需轻轻地清理掉枯叶
即可。

叶片上出现白色或棕色
斑块

这可能是晒斑，或者是由于水
滴聚集在叶片上导致植株出现
腐烂。

❤ **救治** 避免阳光直射。不
要给叶片喷水——需要时从植
株底部泡水（见第18页"浅盘
泡水"）。

提示

（见第26~27页）

叶片容易遭受粉介的攻击；
如果夏天把植株摆放在室外
的话，会长象鼻虫幼虫。

叶片发黄，变得透明或者发潮

最有可能是浇水过多导致的。如果不管的话，植株会腐烂。

❤ **救治** 减少浇水量，检查堆肥土和花盆，保证排水良好。

叶片枯萎

植株需要浇水。

❤ **救治** 连续几天给植株稍微浇一些水，叶片很快就会再次焕发生机。

该养护方法同样适用于

莲花掌
Aeonium

这种莲花座形状多肉植物的养护方法与石莲花相同。植株颜色多样。

四海波
Faucaria

四海波也需要相同的养护方法。植株叶片的刺状边缘并不锋利。

石莲花
株高与冠幅：
可长至10厘米

一品红

Euphorbia pulcherrima

一品红的红色苞叶让人觉得非常喜庆。这种植物在低温下会被冻死，所以购买后要先包装好再带回家。

‖‖‖

养护须知

 摆放位置
摆在一个温暖明亮的地方，远离冷空气和暖气片。让房间温度保持在15~23℃，尽量保持恒温。

光照
摆放在光线明亮的地方，但要避免阳光直射。

 浇水与施肥
让堆肥土保持湿润，但不要积水。等堆肥土表层1~2厘米变干后再浇水，慢慢排出多余水分。

 注意
一定的湿度可以延长植株红色苞叶的生长期，所以可以把盆栽放在铺满鹅卵石的水盘中，并时常给植株喷雾，尤其是当植株被摆放在有暖气的房间里时。

> **提示**
> （见第26~27）
> 叶片容易遭受粉介和红蜘蛛的攻击。

苞叶发白

叶片和苞叶发白

随着植株的成长，叶片会自然而然地开始发白。也有可能是因为光照不足或室内温度过高。

☀ **救治** 把盆栽移到光线明亮地方。如果盆栽所在房间的温度高于23℃，可以把它转移到比较凉爽的房间。把盆栽放在铺满鹅卵石的水盘中并给叶片喷雾。

叶片或苞叶的叶尖或边缘呈棕色

空气过于干燥。

☀ **救治** 经常给叶片喷雾，尤其是当盆栽摆放在有暖气的房间里时。

叶片发黄掉落

可能是因为环境过于炎热干燥，也可能是光照不足或浇水不足导致的。

❤ 救治　远离暖气片并且保证充足光照。当堆肥土变干时给植株浇水。把盆栽放在铺满鹅卵石的水盘中并给叶片喷雾，增加湿度。

苞叶停止生长

春季，红色苞叶会凋谢，不过来年会再次变红。

❤ 救治　在仲春时分进行修剪，让高度保持在10厘米左右，换盆并浇水。夏季把植株放在有散射光照的阴凉地带（15℃左右）。在初秋时节，每晚把盆栽放在橱柜中，或者用黑色塑料袋罩住植株14小时，连续10周。记得在白天把盆栽搬出来。叶片就会再次变红，呈现一片喜庆。

一品红
株高与冠幅:
可长至60厘米

植株萎蔫、叶片掉落

植株萎蔫后经常会发生叶片掉落现象。原因可能在于天气寒冷或有冷空气，浇水过多或过少，或者是其他条件的骤变。

❤ 救治　把缺水的盆栽放在温水中浸泡1小时，植株很快就会恢复正常。如果是浇水过多，检查是否存在根腐病，如果患病的话，则清理掉病害感染区域（见第29页"根腐病"）。等堆肥土变干后再浇水。确保把盆栽摆放在温暖的地方，远离冷空气。如果环境过于寒冷，可能会冷死。

大琴叶榕

Ficus lyrata

大琴叶榕枝叶茂密且具有异国情调，会为你的居室营造一种丛林的感觉。

养护须知

摆放位置

把盆栽摆放在温暖明亮的房间（18~24℃），远离暖气片或冷空气，冬季不要让温度低于13℃。它不喜欢被移动，所以一旦找到了合适的摆放地点，就尽量别再动了。

光照

摆放在光线明亮的地方，不过夏季的直射阳光会灼伤叶片。

浇水与施肥

从春季到秋季，等堆肥土表层2~3厘米发干时再浇水。冬季要减少浇水量。在春夏两季每月施一次肥。

注意

叶片落满灰尘时需要清洁一下。不定期给植株喷雾，在夏季或者房间有暖气时应增加喷雾频率。可用藤条来支撑植株。植株未成熟时，每年春季可以换一个稍微大一点的花盆。植株成熟后，每年春季只需换掉表层5厘米的堆肥土就可以了。

整个植株

提示

（见第26~27页）

叶片容易遭受粉介、介壳虫和红蜘蛛的攻击。

叶片突然脱落

如果叶片大面积脱落，可能是因为位置变了，因为移动位置会给植株造成不利影响。如果不曾移动的话，那可能是空气干燥、浇水过多或过少、施肥过多或过少、温度不适宜和冷空气导致出现这种现象。

救治 不要移动植株。如果并未移动的话，就检查一下摆放位置和养护方法是否存在问题。

叶尖呈棕色

可能是由于湿度过低、浇水不足或浇水不规律。

☀ **救治** 不定期地给叶片喷雾——尤其是当盆栽摆放在有暖气的房间里时。保证比较规律的浇水间隔，且整个植株根部都被浇到了。

该养护方法
同样适用于

垂叶榕
Ficus benjamina

垂叶榕的养护方法与大琴叶榕相同——远离冷空气或暖气片，尽量不要移动它。

大琴叶榕
株高：
可长至300厘米
冠幅：
可长至100厘米

叶斑

叶片出现黑色斑块或斑点

黑色斑块可能是晒斑。黑色小点可能是叶斑病。

☀ **救治** 避免直射的光。如果是叶斑病的话，可以清理掉叶斑感染区域，并使用杀菌剂杀菌（见第29页"叶斑病"）。

橡皮树（印度榕）
Ficus elastica

橡皮树是另外一种养护比较简单的植物。经常擦拭叶片，避免过度浇水。

网纹草

Fittonia

网纹草是在秘鲁的热带雨林中发现的一种观叶植物，叶片长满红色网纹。

||||||||||||||||||||||||||||||||||||||||||||||||||||||||||||||

养护须知

摆放位置

网纹草喜欢温暖的环境，因此宜放在15~23℃的房间中。如果温度比较稳定的话，把盆栽摆放在浴室或厨房是不错的选择。网纹草也可以种在玻璃容器中。

光照

不喜强光，因此可以摆放在半阴凉的地方——大部分窗台都可能光照过于强烈。

浇水与施肥

从春季到秋季，等堆肥土表层2~3厘米发干后再浇水。冬季要减少浇水量。在春夏两季应每月施一次肥。

注意

把盆栽放在铺满鹅卵石的水盘中，并给叶片喷雾，以保证足够的湿度。

网纹草

株高：
可长至15厘米

冠幅：
可无限生长

提示
（见第27页）

叶片容易遭受蚜虫的攻击。

嫩叶背面聚集的蚜虫

植株死亡

如果堆肥土过于干燥，网纹草很容易突然死亡。

☀ **救治** 好好浇水并给叶片喷雾。保证自己的浇水方式是正确的（见第78页）。如果堆肥土已经干了很久，植株很可能无法再恢复生机。

叶尖呈棕色

可能是湿度过低导致的。

☀ **救治** 定期给植株叶片喷雾，并把盆栽放在铺满鹅卵石的水盘中。

叶片发黄

很有可能是浇水过多导致的。

☀ **救治** 网纹草喜欢湿度较高的环境，但是并不喜欢积水。清理掉发黄的叶片，确保在堆肥土变干后再浇水。

发黄的叶片

该养护方法同样适用于

紫鹅绒
Gynura aurantiaca

让人忍不住想抚摸的绒叶。养护方法与网纹草类似，不过紫鹅绒喜欢光照充足的环境。

红点草
Hypoestes

红点草的养护方法同网纹草。能接受更多光照，宜种在玻璃容器中。

洋常春藤

Hedera helix

与很多室内盆栽不同，洋常春藤在低温环境里生长得最好，因此这种生命力顽强的攀缘植物可以用来装饰温度比较低的房间，为其添一抹绿色。

养护须知

摆放位置
摆在阴凉或者阴冷的房间里（2~16℃）。洋常春藤喜欢绕杆攀缘生长，可以把它种在悬挂的花盆中或摆放在架子上。最好摆放在没有暖气的门廊或通风的走廊处。

光照
为植株提供充足的散射光照。叶片没有杂色的洋常春藤品种可以在低光照环境下生长。

浇水与施肥
从春季到秋季，要让堆肥土保持湿润，但不要积水。等堆肥土表层2~3厘米发干后再浇水。冬季要减少浇水量。在春季和夏季，每月给植株施一次肥。

注意
天气比较温暖时，要给植株喷雾。当植株长满花盆时应在春天里换盆。

植株纤弱

房间温度过高，或者光照不足。

救治 把盆栽移至光线良好的阴凉地带。剪掉那些纤弱的部分，以便健康部分长得更好。

洋常春藤
株高和冠幅：
可长至30厘米

叶尖或叶片边缘呈棕色

空气过于温暖、干燥时就会出现这种情况。

💗 救治 给叶片喷雾，或者把它移至一个阴凉的地方，尤其是当盆栽摆放在有暖气的房间里或天气比较温暖时。

干燥并变成棕色的叶边

斑驳的叶片完全变成绿色

光照不足。

💗 救治 把植株移到光线良好的地方。

叶片不再多色斑驳

红蜘蛛的痕迹

提示
(见第26页)

叶片容易遭受红蜘蛛的攻击。

(见第26页)

该养护方法同样适用于

青木
Aucuba japonica

青木是一种常绿园林灌木，养护方法与洋常春藤相同。喜欢阴凉地带，比如门廊或走廊。

八角金盘
Fatsia japonica

八角金盘也是一种常绿园林灌木，养护方法与洋常春藤相同。

朱顶红

Hippeastrum

如果照料得当的话，这些球茎会年复一年地开出鲜艳的花朵。

¡¡¡

养护须知

 摆放位置

把已经种植好的盆栽摆放在光线良好的地方，温度维持在20℃左右，远离冷空气。一旦开花，需要移到稍微阴凉的地方以延长花期。

 光照

摆放在光线明亮的地方，但要避免阳光直射。

 浇水与施肥

让堆肥土保持湿润，但不要积水。每月施一次肥。

 注意

在秋季或冬季种植球茎，并确保花盆不会太大。使用多功能堆肥土并加入珍珠岩，以保证排水良好。不要把整个球茎都埋到堆肥土中，要露出"颈部"和"肩部"。花期可以持续6~8周。定期转动花盆，以避免植株因为追光而长偏。

提示

（见第27页）

叶片表面和叶子背面容易遭受粉介的攻击。

植株停止开花

朱顶红的花朵会在春末凋谢，不过等到冬天或来年春天，植株可能会再次开花。

☀ **救治** 在花期结束后，可以剪掉枯花，在球茎以上5厘米左右的地方将花茎剪掉，继续像往常一样给植株浇水、施肥即可。夏季可以把盆栽摆放在室外。初秋时分，把它摆放在温度在10~13℃的房间中，让植株休眠一段时间。休眠期间，停止浇水和施肥，枝叶会慢慢枯萎。当植株休眠8~10周后，更换表层5厘米的堆肥土，把盆栽重新移入温暖的房间，恢复正常的浇水施肥，6~8周后植株会再次开花。

朱顶红

株高：
可长至60厘米

冠幅：
可长至30厘米

花茎生长过慢

可能是盆栽所处房间过于阴凉。

❤ 救治　把盆栽移到一个比较温暖的地方（温度在20℃左右）。让堆肥土保持湿润，但不要积水。

植株在冬季并未开花

可能是因为植株在适宜条件下休眠时间不足。

❤ 救治　确保植株休眠期持续8~10周，并且保证充足光照，保证养护方法正确（见第82页"植株停止开花"）。

平叶棕

Howea forsteriana

从19世纪开始流行起来。这种植物不需要过多照料，可以让家中增加一抹优雅。

养护须知

摆放位置
最好让温度保持在18~24℃，冬季温度不要低于12℃。需要一定湿度，应远离暖气片。

光照
宜摆放在明亮的散射光照下。阳光直射会灼伤叶片。

浇水与施肥
春季和夏季要常给植株浇水，让堆肥土保持湿润，但每次要等土干透后再浇水。冬季减少浇水量。春夏两季，每月给植株施一次肥。

注意
定期清洁叶片——可以冲洗植株或者让它夏天淋淋雨。当植株的根明显长到堆肥土之外或者长出盆底排水孔时要换盆。定期给叶片喷雾，保证相应的湿度。当房间温度比较高时，增加喷雾频率。

整个植株

叶尖呈棕色

可能是空气过冷或过于干燥，也可能是植株缺水导致的。

 救治 如果盆栽挨着暖气片的话，应该把它移开。检查温度是否过低。如果堆肥土发干的话就浇水。只需用剪刀把棕色区域内部的棕色斑点剪掉就行了。

提示

（见第26~27页）

叶片容易遭受介壳虫、粉介和红蜘蛛的攻击。

叶片枯萎

湿度太低可能会造成植株叶片光照不足。

❤ 救治 远离暖气片并且经常给叶片喷雾。

叶片发黄

随着植株的生长，下部叶片会自然发黄并死亡，但是需要检查一下是否浇水过多。

❤ 救治 检查植株浇水情况。

叶片变成棕色

随着植株的生长，老叶和植株下部叶片会自然而然地变成棕色并死亡，但需要检查一下是否浇水过多。

❤ 救治 用剪刀剪掉植株底部那些难看的棕色叶片。检查自己的浇水情况。

平叶棕

株高：
奇长至300厘米

冠幅：
可长至80厘米

该养护方法同样适用于

袖珍椰子
Chamaedorea elegans

袖珍椰子非常容易成活，养护方法与平叶棕相同。袖珍椰子植株小巧，通常只能长到100厘米高。

印度尼西亚散尾葵
Dypsis lutescens

印度尼西亚散尾葵的养护方法也与平叶棕相同。喜欢光照充足、略潮湿的环境。

五大
浴室植物

绿植可以给你的浴室增加一抹青翠繁茂的色彩。许多植物都喜欢湿度较高的环境，因此淋浴产生的高湿度环境非常受这些植物欢迎。以下是五大可以在浴室摆放的盆栽。

网纹草
Fittonia

这种热带雨林植物的网纹叶片非常漂亮。网纹草喜欢湿度高的环境，因此非常适合摆放在浴室。可以把盆栽放在半阴凉地带。

见第78页，网纹草

铁叶铁线蕨
Adiantum raddianum

如果家里人经常洗澡的话，铁叶铁线蕨会非常"开心"，因为它非常喜欢潮湿的环境。植株叶片精致讨喜。

见第32页，铁叶铁线蕨

紫鹅绒

Gynura aurantiaca

这种观叶植物非常漂亮，绒叶非常柔软。当植株成熟后，便会开始攀缘生长。紫鹅绒喜欢光照充足、湿度高的环境，因此可以放置在距离浴室窗户不远的地方。

见第79页，紫鹅绒

波士顿蕨

Nephrolepis exaltata 'Bostoniensis'

波士顿蕨在湿度高的环境里会茁壮生长，因此非常适合摆放在浴室。叶片呈拱形，种在悬挂的花盆中非常漂亮。

见第96页，波士顿蕨

球兰

Hoya carnosa

这种攀缘植物的花朵漂亮、柔软，它在夜晚释放出的香味让人在沐浴时身心放松。球兰需要大量光照和湿度，所以应摆放在光线良好的浴室里。

见第88页，球兰

球兰

Hoya carnosa

球兰是一种攀缘植物，花朵非常漂亮，在夜晚会释放出香味。斑叶球兰的叶片边缘光滑细软。

整个植株

养护须知

 摆放位置

让植株绕着花架或竹竿攀缘生长，温度最好保持在18~24℃，冬季要让温度保持在10℃以上。植株会长得很大，所以需要较大的空间。

 光照

把植株摆放在光照良好的地方，避免阳光直射，以防灼伤叶片。

 浇水与施肥

从春季到秋季，等堆肥土表层2~3厘米变干后浇水，让堆肥土保持湿润，但不要积水。从春季到夏季，每月给植株施一次肥。

 注意

使用排水良好的堆肥土。为了增加湿度，可以把盆栽放在铺满鹅卵石的水盘中。给叶片喷雾，当房间温度过高时要增加喷雾频率。在花苞生长期或开花期，千万不要移动、移栽植株或喷雾。每年春季，取出表层5厘米的堆肥土，并换上新鲜堆肥土。当植株的根长满花盆时，给植株换盆。不要摘掉植物的空花，也不要剪掉植株的花柄，因为它们还会再次开花。

植株花蕾脱落

可能是因为堆肥土过干或过湿，或者是在花苞生长期移动或移栽了植株。

💗 **救治** 在花苞生长期或开花期，要避免移动植株。检查植株浇水情况（见"浇水与施肥"）。

植株不开花

可能是光照不足或室温过低。虽然植株可以在低温环境下生存，但是却不会开花。也有可能是花柄被剪掉了。

💗 **救治** 把盆栽移到光照更充足的地方。每个花柄可以连续数年开花，因此千万不要摘掉枯花，让枯花自然掉落就行了。

提示

（见第25~27页）

容易遭受粉介、白粉虱、介壳虫和蚜虫的攻击。

花朵滴水

花朵会分泌花蜜以吸引传粉者——这属于正常现象。

❤ 救治　什么也不用做!

贝拉球兰
Hoya bella

贝拉球兰的植株可能会小巧一些，养护方法与球兰类似，只是贝拉球兰对环境温度的要求更高一些（冬季温度不低于16℃）。

叶片脱落或叶片发黑

出现这种现象可能是由于浇水过多或冬季植株所处环境过冷。

❤ 救治　确认堆肥土没有积水。减少浇水量。如果环境过冷的话应换个地方摆放。

球兰

株高：
可长至400厘米

冠幅：
可长至70厘米

叶片发黑

长寿花

Kalanchoe blossfeldiana

这种植物全年都有出售。长寿花的花期很长，花朵颜色有红色、粉色、橙色、白色或黄色。

提示

（见第26~27页）

叶片容易遭受粉介和红蜘蛛的攻击。

养护须知

 摆放位置

最好让环境温度保持在18~24℃，冬季要保持在10℃。

 光照

摆放在光照充足的地方，可以有一些直射光照。在春季或夏季让植株靠近朝东或朝西的窗台，冬季可以摆放在朝南的窗台上。

 浇水与施肥

当堆肥土表层2~3厘米变干时需要浇水，冬季要减少浇水量。确保花盆排水性能良好，避免堆肥土积水。如果花期结束后继续养着它，可以在春季和夏季每月施一次肥。

 注意

修剪掉那些已经凋谢的花朵。花期结束后，剪掉所有花茎。大部分人在花期结束后会扔掉整株植物，实际上，如果按照这种植物的特点加以养护，它就还有可能会再次开花（见"植株停止开花"）。

植株停止开花

花开大约8周后，就会凋谢，但可以尝试让它再次开花。

☀ **救治** 夏季把植株摆放在户外，等到秋天气温开始下降时，再把盆栽移到室内。把盆栽放在光线良好的阴凉地带，停止施肥并减少浇水量。为了让植株再次开花，需要每天给植株提供14小时的黑暗环境，至少持续1个月的时间。如果植株所在房间是人造光环境的话，可以每晚把它放在橱柜中。大约8周后，植株会再次长出花蕾，这时重新开始施肥并浇水。

叶片出现棕色斑块

棕色斑块很有可能是晒斑。

☀ **救治** 调整盆栽的位置减少阳光直射。

棕色斑块

叶片边缘呈红色

无需担心——如果把盆栽放在阳光下，可能就会出现叶片发红现象。

♥ 救治 并非异常，但是要注意叶片是否出现晒斑。

植株萎蔫

可能是植株所处环境过于寒冷，浇水过多或过少。

♥ 救治 把盆栽移到一个更为向阳的地方（夜晚远离比较阴冷的窗台），并远离冷空气。检查植株浇水情况（见第90页）。

该养护方法同样适用于

重瓣长寿花

Kalanchoe Calandiva series

植株会开出大量玫瑰似的重瓣花，花朵很小。重瓣长寿花的养护方法和长寿花完全相同。

长寿花

株高：
可长至30厘米

冠幅：
可长至20厘米

植株的茎呈棕色或黑色，并变软

植株可能患了茎腐病，或者是因为浇水过多。

♥ 救治 清除病害感染区域，更多信息见"植物病害"（第28页）。

发黑变软的茎部

含羞草

Mimosa pudica

含羞草是一种非常好玩儿的植物——你一碰它，
它的叶片就会合上，茎也下垂。

养护须知

 摆放位置

环境温度最好保持在18~24℃，
冬季温度要高于15℃。

 光照

为植株提供大量光照，并提供一
些直射阳光。

 浇水与施肥

让堆肥土保持湿润但不要积水，冬
季只需让堆肥土湿润就行。在春季
和夏季应每月给植株施一次肥。

 注意

含羞草喜湿，所以可以把盆栽放
置在铺满鹅卵石的水盘中。这种
植物很容易发芽生长。夏季里会开出非
常漂亮的粉色花朵。

提示

(见第26页)

叶片容易遭受红蜘
蛛的攻击。

植株的应激反应出现延迟

可能是触碰植株过于频繁，让它
不那么"怕痒"了。叶片合上大
概半个小时后就会再次伸展。

 救治　触摸植株后给它一段
休息的时间，有可能数周之
后，植株就恢复自身的应激反
应了。

伸展开的叶片

合上的叶片

整个植株

植株变得细长

这是正常现象。随着时间的推移，植株的应激反应会慢慢减弱，大部分人在秋季花期结束后就会扔掉它们。

☀ 救治　把植株修剪到正常大小，或者在春季购买新盆栽。

在未触碰植株的情况下，叶片合拢

当微风拂过或有人摇晃植株时，含羞草也会产生应激反应。到了晚上，叶片会自然地合上。

☀ 救治　不需要做什么！

叶片发黄并脱落

可能是植株所处环境过于寒冷。

☀ 救治　把盆栽移到一个比较温暖的地方。

含羞草

株高：
可长至60厘米

冠幅：
可长至30厘米

龟背竹

Monstera deliciosa

20世纪70年代的宠儿，如今再度走红。不论放在哪个房间，龟背竹都会营造一种有趣的丛林氛围。

养护须知

摆放位置
植株在10~24℃的环境中可以存活，但是只有当温度高于18℃时植株才会生长。这种植物会长得非常庞大，所以要为它提供足够的生长空间。

光照
摆放在光线明亮或略阴凉的地方，比如距离窗口不远的位置。要避免阳光直射。

浇水与施肥
当表层堆肥土有点发干时再浇水。在春季和夏季，每月给植株施一次肥。

注意
定期擦拭叶片，并时常给植株喷雾，以免叶片蒙尘。当植株长到75厘米高时，需要一根柱子作为支撑。龟背竹会把长长的气根插进堆肥土或者竹竿中。植株未成熟时，每年春季都要换盆。植株长得过大难以换盆时，可以铲走表层5厘米的堆肥土并换上新鲜堆肥土。

叶片发黄

最有可能是浇水过多，尤其是叶片发黄并发生萎蔫时，而且可能会导致根腐病。如果浇水没问题的话，也可能是需要施肥了。

☀ **救治** 如果浇水过多的话，就要减少浇水量。在春季和夏季每月给植株施一次肥。检查植株是否患了根腐病，如果发生根腐病，则需要清除所有感染病害的根。更多信息见第29页。

叶尖和叶片边缘发棕

可能是由于空气或堆肥土过于干燥、温度过低或者植株的根长满花盆。

☀ **救治** 如果盆栽摆放的房间比较温暖（室内温度超过24℃）、干燥的话，可以把盆栽放在铺满鹅卵石的水盘中并定期给植株喷雾。如果植株靠近暖气片，则要挪走。确保房间温度够高。必要时要换盆。

植株"落泪"

如果堆肥土过于湿润的话，有时会有水滴从叶片上滴落。

💗 救治 拉长两次浇水之间的间隔，确保每次浇水前堆肥土处于微微发干的状态。

提示

（见第27页）

叶片背面容易遭受粉介的攻击。

叶片粗糙

幼株或者嫩茎不会长出特别规整的叶片。成熟植株上出现粗糙叶片则说明养护方法有问题。

💗 救治 如果是幼株的话，一定要有耐心！如果植株已经成熟的话，则要保证植株处于适宜的环境，环境温度要保持在18℃以上，并且正确地给植株浇水、施肥，照料妥当（见第94页）。

龟背竹

株高与冠幅：
可长至180厘米

该养护方法同样适用于

春羽
Philodendron selloum

春羽给人印象深刻，养护方法与龟背竹相同。要给植株提供足够的生长空间。

窗孔龟背竹
Monstera obliqua

窗孔龟背竹的叶片上有独特的椭圆形孔洞，养护方法与龟背竹相同。

波士顿蕨

Nephrolepis exaltata 'Bostoniensis'

这种蕨类植物非常优雅，种在有基座或悬挂的花盆中，看上去会非常漂亮——叶子比较宽、展开后下垂，还会一直垂到花盆底部。

养护须知

摆放位置
植株喜欢水多和湿度高的环境，因此浴室是一个非常合适的摆放地点。让室内温度保持在10~21℃。

光照
提供充足的散射光照，因为直射光照会灼伤叶片。

浇水与施肥
让堆肥土保持湿润（但不要积水）。从春季到秋季，每月给植株施一次肥。

注意
把盆栽放在铺满鹅卵石的水盘中。在夏季或房间有暖气时，需要每隔几天给叶片喷雾。清除掉所有枯叶。如果根长满花盆的话，应该在春季换盆。

提示
（见第26~27页）

叶片容易遭受介壳虫、粉介和红蜘蛛的攻击。

蕨叶发白

出现这种情况可能是因为需要施肥，或者是光照过强。

☀ **救治** 从春季到秋季，确保每月给植株施一次肥。必要时把盆栽移到一个比较阴凉的地方。

叶尖呈棕色、叶片逐渐枯死

一些老叶会自然死亡。如果这种现象大面积发生，很有可能是因为空气过于干燥或植株缺水。

☀ **救治** 可以把盆栽放在铺满鹅卵石的水盘中并每隔几天给植株喷雾，增加环境湿度。确保堆肥土湿润但没积水。

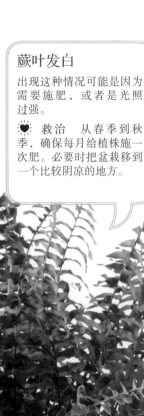

波士顿蕨
株高与冠幅；
可长至75厘米。

叶片发黄

可能是房间过于干燥或温度过高。

☀ **救治** 定期给叶片喷雾，必要时降低室内温度。

该养护方法同样适用于

巢蕨
Asplenium nidus

巢蕨的养护方法与波士顿蕨类似，但是巢蕨能够更好地适应低光照环境。不定期擦拭叶片以使其富有光泽。

疣茎乌毛蕨
Blechnum gibbum

养护方法同波士顿蕨，能适应干燥空气并偏爱软水。

仙人掌

Opuntia

不同种类的仙人掌形态各异。仙人掌是仙人掌科里比较常见的植物。

养护须知

 摆放位置
摆放在温暖的地方（13~29℃）。冬季里可以把它移到相对比较阴凉的地方。

 光照
把盆栽摆放在光照充足的地方，但是在夏季正午时分要避免阳光直射。天气炎热时要保证通风良好。如果想把盆栽移到阳光直射的地方，需要让其逐步适应。

 浇水与施肥
在春夏两季，浇水时使用常温水，让堆肥土保持湿润。在秋季和冬季，要让堆肥土处于基本干燥的状态。在春季和夏季各给植株施一次肥。

 注意
用仙人掌专用的堆肥土。打理植株时需要戴上防刺手套，或者用报纸小心地把植株包起来。

> **提示**
> （见第27页）
>
> 容易遭受粉介和介壳虫的攻击。

植株枯萎

可能是植株缺水造成的。这与人们平常认为的仙人掌不需要浇水这一观点正好相反。

☀ **救治** 每天给堆肥土稍微浇一点水，连续浇几天，但是不要让仙人掌的堆肥土过于湿润。

植株发软

植株发软的部分可能是根发生了腐烂。植株变软可能是浇水过多和温度过低导致的。

☀ **救治** 具体救治方法与腐烂区域的大小有关，可以把植株移栽至新鲜堆肥土中。剪掉那些已经腐烂掉的根。

变软腐烂区域

植株不开花

当某些仙人掌长到一定年限时，可以诱使它们开花（比如鸡冠柱属、仙人掌属、星球属和子孙球属植物）。

♥ 救治　秋季要停止浇水，冬季可把盆栽摆放在凉爽且光线良好的房间，并让堆肥土保持干燥。春季先把盆栽移至温度更高一些的环境中，再开始浇水和施肥。把仙人掌种在比较小的花盆中也能促使植株开花。

植株出现棕色或白色污点

这是晒斑，当光照过强时就会出现这种情况。

☀ 救治　避免夏季正午的阳光直射。

植株分裂

这是浇水过多造成的。

♥ 救治　停止浇水，伤口会慢慢自行愈合。检查浇水方面是否有问题（见第98页）。此外，检查堆肥土的状态和花盆的排水性能是否良好。

仙人掌
株高与冠幅：
可长至50厘米

该养护方法同样适用于

白云般若
Astrophytum ornatum

这种小型仙人掌呈圆形，会开出黄色花朵。

子孙球
Rebutia

子孙球人气很高，这种仙人掌科植物会从植株底部开出非常漂亮的管状花朵。

铜叶椒草

Peperomia metallica

铜叶椒草诞生于热带雨林。椒草品种繁多，是一组叶片多种多样、非常有趣的观叶植物。

养护须知

 摆放位置

在春、夏、秋三季要让环境温度保持在18~25℃之间；在冬季，温度不要低于10℃。

 光照

把盆栽摆放在光线良好或者半阴凉地带，要避免阳光直射。比较理想的环境是朝东或朝北的窗口。植株能适应日光灯环境，因此摆放在办公室中也是非常不错的选择。

 浇水与施肥

只要堆肥土开始发干就要给它浇温水。从植株底部泡水，避免弄湿叶片（见第18页"浅盘泡水"）。冬季要减少浇水量。在春夏两季，应每月施一次肥。

 注意

要保持良好的排水性能。植株喜欢一定的湿度，因此可以把盆栽放在铺满鹅卵石的水盘中。

> **提示**
>
> （见第27页）
>
> 叶片背部和植株周围容易遭受粉介的攻击。

铜叶椒草

株高与冠幅：可长至20厘米

肿块

叶片背面出现软的肿块

这种肿块是水泡，是冬季浇水过多导致的。

♥ 救治　冬季要减少浇水量。更多信息请见第29页。

叶片脱落

可能是因为植株缺水或所在环境温度过低。

♥ 救治　浇水。如果室内温度低于10℃，需要把盆栽移到一个更温暖的环境。

该养护方法同样适用于

圆蔓草胡椒
Peperomia rotundifolia

圆蔓草胡椒是一种非常漂亮小巧的攀缘植物，叶片小巧，形似纽扣，呈多肉状。它的养护需求与铜叶椒草相同。

圆叶椒草
Peperomia obtusifolia

这种长得笔直的绿植的养护需求与铜叶椒草相同。叶片经常会"镀上"一层金色、灰色或奶油色。

浇水后植株仍萎蔫

有可能是因为浇水过多导致植株患了根腐病。

♥ 救治　检查植株的根腐病情况，并清理掉所有病害感染区域。更多信息请见第29页"根腐病"。

蝴蝶兰

Phalaenopsis

兰科下的植物，种类众多。蝴蝶兰最易生
长，并且花期可以持续数周。

ııılıllılllıllllıllllllllıllllllllllllllllllllllı

养护须知

摆放位置
温度保持在18~26℃。

光照
把盆栽摆放在光线良好的散射光环境
中，比较理想的地点是朝东的窗台。

浇水与施肥
采取深盆泡水的方式浇水（见第18
页"深盆泡水"）。在春季和夏季
大概每月浸泡一次。浇水时使用蒸馏水、
过滤水或雨水是最理想的。在春夏两季，
每月给植株施一次肥；秋冬季节，每两个
月给植株施一次肥。

注意
使用蝴蝶兰专用堆肥土并把植株种
在透明容器中，这样可以让根部接
受光照。不要修剪或是遮盖那些伸向空中
的根须；花都开败之后，对花茎进行修
剪，剪至低处的花蕾处。这样一来，几个
月之后，植株会再次开出新花。

花蕾脱落

花蕾脱落可能是植株缺水、浇水过
多、湿度过低或温度波动大造成的。

救治　正常浇水，把盆栽放在铺
满鹅卵石的水盘中。当植株含苞待放
时就别再移动。

提示

（见第27页）

叶片容易遭受
介壳虫和粉介
的攻击。

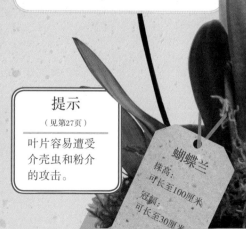

蝴蝶兰

株高：
可长至100厘米

冠幅：
可长至30厘米

植株不开花

植株可能几个月后才会再次开花。不过，植株花朵减少可能是因为光照不足、缺水或浇水过多，或者是剧烈的温度波动。也可能是需要换盆。

♥ 救治 把盆栽移至光照更充足的地方，春夏两季保证每个月给植株施一次肥，秋冬两季则每两个月给植株施一次肥。必要时给植株换盆。夜晚的低温环境（13~18℃）可以刺激植株再次开花，所以可以将盆栽放在窗台或者阴凉房间待上几周。

叶片颜色发生变化

正常情况下叶片应该是草绿色。老叶发黄属于正常现象，但是如果嫩叶发黄的话可能是因为光照过强或缺乏肥料。如果叶片发黑可能是因为光照不足。

♥ 救治 根据实际情况调整所处环境的光照情况。如果是在春季或夏季出现这种情况，则要保证每月给植株施一次肥。

叶片发黄

叶片枯萎

叶片枯萎

很可能是因为叶片没有吸收到足够的水分。这往往是浇水过少造成的，不过也可能是因为植株根部受到了损伤。叶片发软也可能是因为环境湿度不够。

♥ 救治 正常的根应该是银色或者绿色，如果植株的根呈棕色并发软，那么可能是浇水过多；如果植株呈中空状态且易碎，则说明植株缺水。如果植株根部发生损伤的话，则修剪掉病害感染区域并把植株重新移栽至新鲜堆肥土中。把盆栽放在铺满鹅卵石的水盘中以增加湿度。

江边刺葵

Phoenix roebelenii

与长叶刺葵比起来，江边刺葵更为精致。叶子为羽状线形，柔软而弯垂，非常高雅、漂亮。

ııı

养护须知

 摆放位置

江边刺葵喜欢温度在18℃左右的环境，这个温度比很多棕榈树所需的温度要高一些。植株可以长到180厘米左右，因此需要相当大的生长空间。

 光照

摆放在光照充足的散射光照环境中，避免阳光直射。

 浇水与施肥

夏季在堆肥土表层2~3厘米发干时，可浇水。冬季只需让堆肥土保持湿润即可。春季和夏季，每月给植株施一次肥。

 注意

把盆栽放在铺满鹅卵石的水盘中，增加植株周围湿度，尤其是在夏季或房间有暖气时。

提示

（见第26~27页）

叶片容易遭受介壳虫、粉介和红蜘蛛的攻击。

叶片不是深绿色

可能是因为缺乏肥料。

☀ **救治** 从春季一直到夏末，每月给植株施一次肥。

叶尖呈棕色

可能是因为空气过于干燥，也有可能是因为植株缺水或冷空气的影响。

☀ **救治** 如果盆栽摆放在暖气片旁边，那么就把它移走。检查室内温度是否过低（低于10℃）。如果堆肥土发干的话，就要给植株浇水。用剪刀剪去棕色叶尖。

叶片出现棕色斑点

可能是浇水过多或环境温度过低导致的。

☀ **救治** 将出现棕色斑点的叶片清理掉，并检查盆栽的摆放位置和自己的养护方法。

江边刺葵
株高与冠幅：
可长至180厘米

棕色斑点

该养护方法
同样适用于

棕竹
Rhapis excelsa

棕竹的养护方法与江边刺葵相似，不过它更耐阴。

欧洲矮棕
Chamaerops humilis

欧洲矮棕养护方法与江边刺葵相同。生长速度缓慢，更耐寒，最高长到120厘米。

叶片发棕

如果只是植株下部叶片呈棕色，不要担心。正常情况下，老叶会慢慢变成棕色并枯死。但是要检查是否因为浇水过多而导致根部发生腐烂。

救治　用剪刀剪掉那些难看的棕色叶片。当堆肥土表层2~3厘米变干时浇水。如果这个问题仍然存在的话，检查植株是否患了根腐病，如果发生根腐病就要清理掉病害感染区域。更多信息见"植物病害"（第29页）。

五大
耐阴绿植

多数植物在生长过程中都需要光照，但是有些植物尤其是大叶植物更偏爱阴凉一些的环境，以下是可以尝试种植的五大耐阴植物。

巢蕨
Asplenium nidus

巢蕨极易养护，叶片茂密有光泽。能耐阴，但是需要不定期地擦拭叶片以使其保持光泽，更好地吸收光照。

见第97页，巢蕨

白鹤芋
Spathiphyllum

白鹤芋对环境条件要求不高，叶片浓绿，有光泽，白色花朵十分醒目。这种植物比较耐阴而且能够接受不规律的浇水。

见第124页，白鹤芋

心叶喜林芋
Philodendron scandens

心叶喜林芋叶片呈心形，有光泽。这是一种攀缘植物，因此可以让它绕着柱子生长。

见第63页，心叶喜林芋

八角金盘
Fatsia japonica

八角金盘叶片宽大、葱郁、有光泽，非常引人注目。植株可以适应低光照环境，且冬季在0℃的低温环境下能存活。

见第81页，八角金盘

蜘蛛抱蛋
Aspidistra eliator

蜘蛛抱蛋的体格非常健壮。经常擦拭叶片可以最大程度地接受光照。耐旱，但是非常讨厌极度潮湿的堆肥土。

见第125页，蜘蛛抱蛋

铜钱草

Pilea peperomioides

铜钱草也被称为镜面草，叶片形似睡莲，非常漂亮，是一种广受欢迎的室内盆栽。

养护须知

摆放位置

最好把盆栽摆放在温度为18~24℃的房间，冬季不能低于12℃。植株对湿度有一定要求，所以浴室是比较理想的摆放地点。

光照

摆放在光线明亮或半阴凉的地方，但是要避免阳光直射，以免叶片被灼伤。摆放在半阴凉地带的话，叶片会长得更宽大一些。

浇水与施肥

只需浇水让堆肥土保持湿润即可，等堆肥土微微发干后再浇水。在春季和夏季应每两周给植株施一次肥。

注意

保证排水良好，并且不要让堆肥土过于湿润。定期用干净的湿布擦拭叶片以避免蒙尘，让叶片保持光泽。给叶片喷雾有利于植物生长。

铜钱草

株高与冠幅：可长至30厘米

植株叶片均朝向一个方向

植株叶片会向光生长。

❤ 救治　定期转动花盆，让植株保持土丘形状。

叶片发黄或不断脱落

如果是植株底部叶片发黄，那么不需要担心，因为这是老叶。如果植株所有叶片均发黄，那么可能是浇水过多或植株缺水导致的。

❤ 救治　检查植株浇水情况和养护情况（见第108页）。

植株叶片上出现粉状白斑

这是因为植株患了白粉病。这种病害不会致死，但是的确影响植株的美观。

❤ 救治　及时清理掉病害感染区域。加强通风。更多信息见第28页"白粉病"。

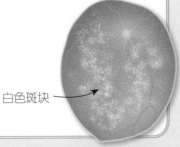

白色斑块

该养护方法同样适用于

巴拿马冷水花
Pilea involucrate 'Moon Valley'

巴拿马冷水花是一种非常漂亮的多年生植物，它的养护方法与铜钱草类似，但是对湿度的要求会更高一些。最好种植在玻璃容器中。

花叶冷水花
Pilea cadierei

花叶冷水花也喜欢湿度高的环境，养护方法与铜钱草相同，要经常给叶片喷雾，并将盆栽放在铺满鹅卵石的水盘中。

二歧鹿角蕨

Platycerium bifurcatum

这种蕨类植物长得很像野外的气生植物。在室内，既可土培，也可无土栽培。二歧鹿角蕨经常装在可悬挂的容器中出售。

养护须知

摆放位置
给植株提供一个比较湿润的环境，要让温度保持在10~24℃。

光照
摆放在光线良好的散射光环境中。因为阳光直射会灼伤叶片。

提示

叶片背部容易遭受介壳虫的攻击。

浇水与施肥
二歧鹿角蕨会通过根和叶吸收水分。让堆肥土保持微微湿润的状态。给无土栽培的植株浇水时，可以把它倒置在常温水中20分钟，或者用常温的自来水冲洗。在重新悬挂起来之前，要排干多余的水分。如果房间炎热、干燥，则需每周浇水；如果房间阴凉、湿润，则可每2~3周浇一次水。在春、夏两季，每月给植株施一次肥。

注意
定期用常温水给植株喷雾，尤其是当室内炎热、干燥时。

二歧鹿角蕨
株高与冠幅：
可长至100厘米

叶尖发黄或萎蔫

可能是因为植株缺水。

♥ 救治 增加浇水频率和叶片喷雾频率，增加环境湿度。

正常浇水但是依然发生萎蔫

可能发生了根腐病。

♥ 救治 检查植株是否发生了根腐病，并且清理掉那些软稠发黑的根部。更多信息见第29页"根腐病"。

植株底部的鹿角叶片发黄或变黑

可能是由于浇水过多。

♥ 救治 暂停浇水，过几周之后再恢复正常的浇水方式。

该养护方法同样适用于

巨兽鹿角蕨
Platycerium grande

该植株的鹿角形叶片呈浅绿色，但要比鹿角蕨大一些。其养护方法与二歧鹿角蕨完全相同。

鹿角叶片是从叶片中心开始形成的

保护叶围绕植株边缘生长

植株的保护叶发黄

鹿角蕨植株底部长着许多小叶。这些小叶是"保护叶"，帮助植株吸收水分并保护植株根部。随着植物的成长，这些小叶会自然而然地变成棕色。

♥ 什么也不需要做——下面的叶片发黄属于正常现象。不要移动植株。

非洲堇

Saintpaulia

非洲堇的叶片毛茸茸的，花朵颜色多样，非常受欢迎。植株非常小巧，所以，如果室内空间有限的话，非洲堇是一个非常理想的选择。

养护须知

摆放位置
具有一定温度（16~23℃）的高湿度环境。只要温度够高，浴室或厨房窗台是比较理想的摆放地点。

光照
喜欢明亮的散射光。要避免阳光直射，防止叶片被阳光灼伤。

浇水与施肥
当堆肥土表层2~3厘米发干时浇水。宜浅盘泡水，大约在水中浸泡30分钟（见第20页"浅盘泡水"）。这样可以避免弄湿植株的叶片。从春季到秋末，每月给植株施一次肥。

注意
把盆栽摆放在铺满鹅卵石的水盘中，保证相应的湿度。剪掉那些已经凋谢的花朵。非洲堇在小花盆中长势最好，所以不要经常换盆。

叶片发黄

可能是由于空气过于干燥、光照过多、浇水或施肥过少。

♥ 救治 避免阳光直射。增加湿度并检查浇水施肥情况。

植株不开花

在冬季，因为光照较弱，所以非洲堇往往会停止开花。如果春季到秋季之间，植株开花过少，可能是养护方法不当造成的。

♥ 救治 冬季把盆栽移到光照充足的朝南或者朝西的窗台。如果是其他三个季节的话，检查施肥是否正确，并且保证植株处于光照充足的环境中。

叶片发白

如果植株叶子发白，可能是因为被太阳直射时间过长。在这种情况下，叶子上会留下阳光炙烤的痕迹。也有可能是植株需要施肥。

❤ 救治　把它移至散射光地带。如果之前没有给植株施肥的话，那么现在就是亡羊补牢的时刻了。

锲叶铁线蕨
株高和冠幅：
可长至40厘米

叶片发黄

可能是由于植株缺水、浇水过多或温度波动过大。

❤ 救治　检查堆肥土是否积水，并且确保植株摆放在远离暖气片或空调的地方。

该养护方法同样适用于

欧洲凤尾蕨
Pteris cretica

这种绿植的养护方法与锲叶铁线蕨大致相似，如果堆肥土偶尔发干也无大碍。

兔脚蕨
Davillia canariensis

兔脚蕨的养护方法与锲叶铁线蕨相似，且更耐旱。

美叶光萼荷

Aechmea fasciata

美叶光萼荷是一种具有异域风情的凤梨科植物，花期很长。它的莲座叶丛共同形成一种可以装水的中心"花瓶"。

养护须知

摆放位置

把盆栽摆在一个温暖的房间里，房间温度保持在13~27℃。空气流通很重要，所以需要开窗通风。

光照

美叶光萼荷需要强光，不过要避免阳光直射，否则会灼伤叶片。

浇水与施肥

使用蒸馏水、过滤水或雨水，把水浇在莲座叶子形成的中心"花瓶"中，确保水分一直保持在2~3厘米深。每隔两三周就把中心"花瓶"中的水清空并重新浇水，以避免水污浊。在夏季，当堆肥土最上面2~3厘米发干的时候，则需要给堆肥土浇水，之后要注意排水。

注意

如果房间比较温暖的话就需要提高湿度——把它放在一个铺满湿润鹅卵石的托盘中，每周对叶片喷雾1~2次，让叶片保持湿润。

提示	叶子非常容易遭受介壳
（见第27页）	虫和粉介的攻击。

叶片呈褐色，受潮或发蔫

这可能是患了冠腐病或根腐病，一般是浇水过多或排水不良造成的。

💗 **救治** 检查植株是否患了冠腐病或根腐病。可以修剪病害感染区域，使用杀菌剂杀菌并重新移栽到新鲜堆肥土中。更多信息见第28~29页"植物病害"。

←—— 叶片发黄

开花或植株枯萎

这是正常现象。

💗 **救治** 用一把比较锋利的刀割断花朵，尽可能地贴近叶子。美叶光萼荷只开一次花，但是如果继续好好照料的话，植株会继续长出"幼株"（在底座长出新植株）。当这些幼株长到主株1/3大小时，仔细地把它们割断并移植到单独的花盆中。

叶片发白

空气过于干燥或植株受到了阳光直射。

❤ 救治 把盆栽摆放在阴凉处并定期给叶片喷雾。

叶片发黄

可能是由于空气过于炎热干燥、缺水或浇水过多造成的。也可能是由于浇水时使用了硬水。

❤ 救治 给中心"花瓶"浇更多的水，并且给堆肥土浇一些水。增加喷雾频率。如果认为问题出在硬水的话，可以改用蒸馏水、过滤水或雨水。

该养护方法同样适用于

虎纹凤梨
Vriesea splendens

虎纹凤梨形状特殊，花穗呈剑状，养护方法与美叶光萼荷相同。

美叶光萼荷

株高与冠幅：
可长至50厘米

果子蔓
Guzmania lingulata

这是另一种受欢迎的凤梨科植物，养护方法同美叶光萼荷。因花朵形似菠萝出名。

黑叶观音莲

Alocasia x amazonica

观音莲喜欢炎热、潮湿的环境，叶片呈深绿色且带有深深的脉纹。

IIIIIIIIIIIIIIIIIIIIIIIIIIIIIIIIIIIIIIIIIIIIIIII

养护须知

摆放位置
全年保持18~21℃的环境温度。空气流通很重要，所以需要开窗通风。避免靠近暖气片和空调，并远离冷空气。

光照
夏季要避免阳光直射——最好把它摆在一个半阴凉的地方。冬季则移到一个比较明亮的地方。

浇水与施肥
每隔几天给植株浇点水，使堆肥土保持湿润（但不要积水）。使用不凉的蒸馏水、过滤水或雨水。在春夏两季可每月施一次肥。冬季要减少浇水频率。

注意
黑叶观音莲对湿度有极高的要求，把它放在一个铺满湿润鹅卵石的托盘中，经常给植株喷雾。植株的根大量长出花盆时应换盆，但最好是在春季。

叶片上出现棕色斑块
这是晒斑。

❤ **救治** 把盆栽移至一个更阴凉的地方，避免阳光直射。

棕色斑块

植株枯萎

冬季植株很有可能会冬眠，尤其是当温度降至15℃时。如果不是在冬天的话，植株枯萎可能是因为生长环境有问题。

❤ **救治** 如果植株冬眠的话，等到来年春天，植株还会重新发芽——只要一如既往地正常照料就行。如果是其他情况，则需要检查一下摆放位置、光照以及浇水情况是否正常。

提示

(见第26~27页)

叶子非常容易遭受粉介、介壳虫和红蜘蛛的攻击。

叶片呈褐色且发干变脆

出现这种情况要么是由于湿度过低，要么是因为浇水时使用了硬水。

♥ 救治 把它放在一个装满湿润鹅卵石的托盘中，然后经常给植株喷雾。浇水时使用蒸馏水、过滤水或雨水会有助于植株的恢复。

叶片呈棕色且干脆 ←

植株萎蔫

可能是植株缺水或浇水过多造成的。浇水过多会导致根腐病。

♥ 救治 检查堆肥土是否过干或过湿，调整浇水频率。如果植株仍然继续萎蔫的话，检查一下是否发生根腐病。清除病害感染区域，并使用杀菌剂杀菌，然后把植株移栽到新花盆中。更多信息见第29页"根腐病"。

黑叶观音莲
株高与冠幅：
可长至150
厘米

芦荟

Aloe vera

芦荟是一种极易生长的多汁植物，叶片长有尖刺且呈多肉状。

提示

（见第27页）

叶子非常容易遭受介壳虫的攻击。

养护须知

摆放位置

把它摆在温度10~24℃的房间中。如果植株成熟且长势很好，就会开出黄色的花朵。

光照

摆放在向阳地带（比如朝南的窗台上）。虽然会受到阳光的直射，但是芦荟可以自己慢慢适应。

浇水与施肥

在春夏两季，当堆肥土最上面2~3厘米发干时需要浇水——具体浇水频率与盆栽摆放位置有关，大概是每周一次。冬季，要大大减少浇水量。春季施一次肥，夏季施一次肥。

注意

芦荟喜欢排水良好的堆肥土，因此在养护芦荟或使用仙人掌堆肥土时铺一些沙砾或珍珠岩。在堆肥土表层铺一层沙砾能够使植株保持干燥，避免发生腐烂。当植株长得过大，原花盆装不下时，应换盆。芦荟会长出嫩枝——可以让这些嫩枝继续长在植株上，也可以把它们连根剪下移栽到独立的花盆中。

叶片干瘪萎蔫

此时需要给植株浇水。

❤ **救治** 稍微浇一些水并给叶片喷雾。第二天、第三天也一样——这样的话叶子会再次变得肥实起来。不要让堆肥土一直处在过于湿润的状态中。

叶片发棕、发红或呈红棕色

可能是夏季时植株在中午接受了过于强烈的阳光直射，或者是由于过度浇水造成的，还可能是植株根部受损造成的。

❤ **救治** 把盆栽移到向阳地带但是要减少阳光直射，减少浇水量。如果仍无法恢复生机，可以检查一下植株根部。

棕红色叶片

叶片发白或发黄

如果整株植物发白或发黄，可能是浇水过多或光照不足导致的。

💛 **救治** 确保自己的浇水方法正确（见第38页）。把它移到一个更向阳的地方。

龙舌兰
Agave

龙舌兰非常喜欢光照充足的窗台，这种多肉植物的养护方法与芦荟相同。有些龙舌兰品种长有锐刺。

植株出现黑色斑点，叶片发棕或变得软稠

这很可能是浇水过多造成的。

💛 **救治** 等堆肥土变干后再浇水。确保花盆带有排水孔。避免在叶片上洒水，因为这些水会积在叶根部进而导致腐烂。

黑色斑点

芦荟
株高与冠幅：可长至100厘米

十二卷
Haworthia

这也是一种长尖刺的多肉植物，养护方法与芦荟类似。阳光直射下，叶子可能会发红。

火鹤花

Anthurium

火鹤花又被称作安祖花，非常容易养活。花朵呈卷曲状，颜色鲜红，具有异国风情；花期长达数周。

养护须知

 摆放位置

火鹤花是热带植物，喜欢温暖潮湿的环境。可以摆在一个温暖的房间中（15~20℃），远离冷空气。

 光照

摆在光照充足的地方，但是要避免阳光直射，可以摆放在距离朝阳窗户1米左右的地方。

 浇水与施肥

不管什么时候，只要发现土壤表面开始发干就需要适当浇一些水，使堆肥土保持湿润但是不要积水。冬季要减少浇水量。在春夏两季可以每月给植株施一次肥。

注意

要给植株提供充足的湿度，定期给叶片喷雾（不要喷到花朵上），或者把盆栽放在装满湿润鹅卵石的托盘中。要经常用湿海绵擦拭叶子，并清理那些凋谢的花朵。在春季把植株移栽到一个稍微大一些的花盆中。

提示

（见第26~27页）

火鹤花的叶子非常容易遭受粉介和红蜘蛛的攻击。

晒伤

叶端变成棕色

是由于空气湿度不够或过多的阳光直射导致的，叶片很容易被灼伤。

救治 定期给叶子喷雾以增加湿度，或者把盆栽放在铺满湿润鹅卵石的托盘中。可以把盆栽移到没有阳光直射的向阳地带。

火鹤花
株高与冠幅：
可长至50厘米

一直长叶却不开花

可能是光照不足、花盆过大或施肥不得当导致的。

☀ 救治 把盆栽移至光照更充足的地方。如果植株连根带土的球状部分与花盆之间的缝隙大于1~2厘米，可以把它移栽到一个稍微小一些的花盆中。每月给植株施一次肥，促使它早日开花（见第40页）。

叶片发黄

可能是浇水或施肥过多引发的。

☀ 救治 避免积水，等堆肥土表层发干后再浇水。必要时，可暂停一两个月的施肥。

非洲天门冬

Asparagus densiflorus Sprengeri Group

非洲天门冬其实并不属于蕨类植物，而是属于百合科，这种植物很容易成活，叶片呈羽毛状，很雅致。

||||||||||||||||||||||||||||||||||||||||||||||||||||||||||||

养护须知

摆放位置
摆放在一个微凉的房间（7~21℃），远离直接热源，如暖气片。该植物喜欢潮湿一些的环境，因此非常适合摆放在浴室。也能够跟其他植物摆在一起养。

光照
比较明亮的散射光照。

浇水与施肥
当堆肥土顶层2~3厘米变干时可以浇一些水。不要让堆肥土干透或积水。冬季减少浇水量。在春季和夏季，每月给植株施一次肥。

注意
在冬季，如果房间里有暖气的话要时不时地给植株喷雾。剪掉植株底部发黄的茎。如果植株的连根带土的球状部分接触到了花盆边缘，就需要在春季时换盆了。

非洲天门冬
株高与冠幅：
可长至30厘米

叶片发黄

植株基部的老叶会随着时间的推移自然变黄。如果叶片大面积发黄，可能是室内温度过高、光照过强、植株缺水或浇水过多导致的。一定要确保堆肥土没有积水，否则会导致根腐病。

❤ **救治** 远离暖气片或移到更凉爽的房间，放在一个稍微阴凉一点的地方。如果堆肥土有积水，那么要让它慢慢变干，必须在堆肥土表层2~3厘米变干后再浇水。检查植株是否患了根腐病（见第29页"根腐病"）。

大面积发黄

提示

（见第26页）

叶子容易遭受红蜘蛛的攻击。

叶片边缘呈棕色

可能是光照过多或堆肥土已经变得干硬。

❤ **救治** 把盆栽移到一个更为阴凉的地方。给植株浇水并慢慢排出多余水分。

棕色叶片

该养护方法同样适用于

文竹
Asparagus setaceus

文竹的养护方法与非洲天门冬类似，只不过文竹更喜欢高湿度的环境，而且对光照的要求低一些。

三角紫叶酢浆草
Oxalis triangularis

三角紫叶酢浆草是鳞茎植物，养护方法也与非洲天门冬类似。冬季枝叶会枯萎。

大王秋海棠

Begonia rex

大王秋海棠种类繁多，叶子非常漂亮，叶片上，深红色、银色、紫色、绿色与红色相映成趣。

养护须知

 摆放位置
理想的状态是让植株全年处在18~21℃的环境里。绝对不能高于21℃。在冬季，植株可以在13℃的环境下存活，但是不能低于13℃。

 光照
把植株摆放在光线良好的散射光照环境中。避免阳光直射，否则会造成叶片灼伤。

 浇水与施肥
浇水，让堆肥土保持湿润，夏季尽量等堆肥土微微发干后再浇水。最好采取从下往上泡水的方式，避免茎基部积水（见第18页"浇水"）。冬季只需保持湿润即可。

 注意
必要时可以在春季换盆。定期转动花盆，保证植株各部分生长均衡。保证通风良好。

提示	容易受到蚜虫、红蜘蛛、白粉虱和牧草虫的攻击。
（见第25~27页）	

叶片上出现白色粉状物

这是白粉病，大多是由干旱或温度过高、环境潮湿、通风不良造成的。

💗 **救治** 清理掉病害感染区域，并使用杀菌剂杀菌。更多信息见第28页"白粉病"。

白色粉状物

叶片缺失

可能是浇水过多或环境温度过高导致的。如果植株变得修长，那么可能是因为光照不足。

💗 **救治** 把盆栽移到光照更为充足的地方，避免阳光直射。检查室内温度和植株浇水情况。

叶片发黄

可能是因为浇水过多或过少，或者是光照不够充足。

♥ 救治 检查植株养护情况和摆放位置（见第44页）。

植株某些部位长了灰色茸毛

这种灰色茸毛是灰霉菌（灰霉病），主要是由于环境过于凉爽、潮湿、拥挤，或者浇水时把水喷到了植株叶片上造成的。

♥ 救治 使植株远离其他秋海棠，以避免其他植株被传染，并且加强通风。清理掉病菌感染区域并使用杀菌剂杀菌（见第28页"灰霉病"）。

该养护方法同样适用于

冬花秋海棠
Begonia Eliator Group

冬花秋海棠的花朵小巧、漂亮、颜色丰富。经常清理枯花会延长自身花期。

球根秋海棠
Begonia spp.

经常摘掉枯花会延长自身花期。在花季结束后，将植株的地上部分剪掉，挖出球根，将土清理干净，放在阴凉干燥处越冬。第二年开春再种。

大王秋海棠

株高：
可长至60厘米

冠幅：
可长至45厘米

五大
桌面植物

让工作场所绿意盎然可以提高工作效率并减少工作压力。科学研究表明某些植物可以吸收空气中的毒素。一个比较合适的桌面盆栽应该比较简单并且对光照条件要求不太高。

富贵竹
Dracaena sanderiana

我们无法保证富贵竹可以使你升职加薪，但是它的确会让你在工作时心情愉悦。把它种在堆肥土中，或者直接插在玻璃瓶中，然后加入蒸馏水、过滤水或雨水。

见第70页，富贵竹

彩叶凤梨
Neoregelia carolinae f. tricolor

彩叶凤梨的叶子会不断生长，在开花前，叶子会变成粉红色。在叶子形成的中心"花瓶"中加满水。

见第49页，彩叶凤梨

柱叶虎尾兰

Sansevieria canaliculata

柱叶虎尾兰是那种叶片比较尖的虎尾兰品种,且叶子呈圆柱形。这种植物不需要过多的照料,对浇水也没有什么要求,即使出门一段时间,它的生长也不会受到太大影响。

见第115页,柱叶虎尾兰

铜叶椒草

Peperomia metallica

铜叶椒草是观叶植物,非常引人注目。这种绿植长得很小巧,而且可以适应办公大楼的荧光灯环境,非常适合在办公室摆放。

见第100页,铜叶椒草

千年木

Dracaena marginata

千年木是一种非常好的空气净化小能手,而且很容易养活,即便浇水不规律也不会影响它的生长。千年木可以长得非常高,但是因为枝干很细所以并不会占据太多空间。可以摆放在比较阴凉的地方。

见第69页,千年木

垂花水塔花

Billbergia nutans

垂花水塔花是最易养活的凤尾科植物之一。可以把它种在悬挂的花盆中。

ııı

养护须知

摆放位置

应摆放在温度在5~24℃的房间中。只有在24℃左右它才会开花。

光照

摆放在向阳地带，但是要避免阳光直射。

浇水与施肥

浇水时使用蒸馏水、过滤水或雨水，浇在"花瓶"（莲座叶丛的中心位置）中，确保水量一直保持在2~3厘米左右的深度。每隔两三周需要把原有的水倒掉，然后再重新浇水以避免水变污浊。保持堆肥土湿润即可。在春夏两季每月给植株施一次肥，可以在植株中心加入半加强型营养液。

注意

把盆栽放在铺满湿润鹅卵石的托盘中，保证相应的湿度。栽培3年就会开花。花谢后要轻轻地清理掉那些凋谢的花朵。春季植株开花后，植株会长出"幼苗"（在底部长出新的植株），在这一过程中老植株也会慢慢死去。当新生幼株长到原有植株的1/3大小时，要移栽到新的花盆里。

叶尖发黄

很有可能是因为花盆已经无法满足植株的生长需要。

☀ **救治** 等植株开花后，在春季换盆。

叶片发黄

　　植株低处叶片发黄属于正常现象，最终这些叶片会慢慢掉落。如果植株其他部位叶片发黄的话，可能是因为植株缺水或浇水过多，也有可能是因为盆栽的摆放位置有问题。

💛 救治　轻轻摘掉变黄的叶片。检查植株浇水情况，并且保证充足的光照和温度（至少在20℃）。

植株基部发生腐烂

可能是根腐病或者茎腐病，是堆肥土过于潮湿导致的。

💛 救治　把植株重新移栽到新鲜堆肥土中。保证花盆排水性能良好。不要浇水过多。更多信息见第28~29页。

鹤望兰
株高：
可长至180厘米
冠幅：
可长至75厘米

海角樱草

Streptocarpus

海角樱草叶片清新翠绿，花朵娇小，呈现出多种颜色，魅力十足。

||||||||||||||||||||||||||||||||||||||||||||||||||||

提示

（见第27页）

叶片背部容易遭受粉介的攻击。

养护须知

摆放位置

摆放在光线明亮的房间。植株喜欢比较温和的生长环境。环境温度应保持在13~21℃。

光照

为植株提供散射光。比较理想的摆放地点是朝东或朝西的窗台。夏季要避免阳光直射。

浇水与施肥

当堆肥土表层4~5厘米发干时浇水，让堆肥土湿润即可，不要过于潮湿；浇水后要保证排出多余的水分。冬季要减少浇水量。在春夏两季，每隔两周施一次肥。使用含钾量较高的肥料（或海角苣苔属植物专用的肥料），促使植株开花。

注意

每年春季换盆，把它移栽到一个稍微大一些的、较浅的花盆中。在秋冬两季，叶尖会慢慢枯萎。对于这种情况完全不需要担心——只需把叶尖剪掉即可。

叶片上出现黄褐色污点

可能是由于阳光灼烧，或者是浇水时有水喷溅到叶片上造成的。

💗 **救治** 避免阳光直射。注意在浇水时不要弄湿叶片。

棕色污点

植株基部叶片腐烂

可能是由于浇水过多、植株泡在水中，或者花盆排水性能过差导致的。

💗 **救治** 清理掉叶片感染区域，并让堆肥土慢慢变干。确保花盆慢慢排出了多余的水分。等到堆肥土变干后再浇水。

叶片上出现灰霉

这是一种被称为灰霉病的植物病害。

❤ 救治　清理掉病害感染区域，并使用杀菌剂杀菌。更多信息见第28页"灰霉病"。

植株萎蔫

可能是因为植株缺水或浇水过多。

❤ 救治　如果觉得是浇水过多导致植株萎蔫，那么要让堆肥土慢慢变干，在堆肥土变干后再浇水。如果认为植株缺水，则需要浇水。

该养护方法同样适用于

大岩桐
Sinningia speciosa

大岩桐的养护方式与海角樱草类似。把盆栽摆放在光线明亮的房间，并远离冷空气。植株可以再次开花——等那些发黄的茎或叶片枯萎后再清理，并减少浇水。春季给植株换盆并重新开始浇水。然而，人们往往在植株开过花后就把它扔掉了。

海角樱草

株高：
可长至30厘米

冠幅：
可长至45厘米

叶大但开花很少

可能是施肥不当造成的，或者是光照不足。

❤ 救治　保证在春夏两季每隔两周给植株施一次肥，并使用正确的肥料。如果植株生长环境过于阴暗的话，则把盆栽移到光线更为明亮的有散射光的地方。

空气凤梨

Tillandsia

空气凤梨在野外都依附于其他植物生长，非常有趣。在家中种植这些植物时不需要使用堆肥土，可以把植株种植在透明的玻璃容器内，或者种植在一块浮木上。

养护须知

摆放位置

空气凤梨喜欢湿度高的环境，所以明亮的厨房或浴室是比较适宜的摆放位置。环境温度不要过低（<10℃），也不要暴露在冷空气中，尤其是在浇水过后植株比较潮湿时。

光照

明亮的散射光。要避免摆放在阳光充足的窗台上，因为夏季烈日会灼伤植物，而冬季冷空气会冻伤植物。

浇水与施肥

采取浸泡并排水的浇水方式（见第18页"浇水"）。如果缺水的话，把植株浸泡在水中，静置30分钟，最多不能超过2个小时。在夏季或有暖气的房间中，大约每周给植株浇一次水。浇水时使用蒸馏水、过滤水或雨水。也可以每周给植株充分喷几次雾。每月在水中加入适量的营养剂。

注意

浇水后，轻轻将植株上的水甩掉，将植株倒置4小时以慢慢控干水分，然后再放回原位。

植株不开花

空气凤梨有可能需要好几年的时间才能够成熟，然后开花。

救治 什么都不需要做！有些植物在开花前会呈红色。植株开花后，可能会长出"幼株"（在基部长出新的植株），之后母本植物会死去。

植株出现软稠的棕色区域或植物四分五裂

叶片之间的积水会导致植株发生腐烂。

救治 此时再对植株进行救治为时已晚。在给植株浇完水后，要轻轻摇晃植株并且把植株倒置一段时间，排出水分。

叶片卷曲或叶尖松脆

缺水。

救治 增大浇水和喷雾的频率。

叶端卷曲

三色铁兰

株高与冠幅：
可长至30厘米

**鸡毛掸子
铁兰**

株高与冠幅：
可长至30厘米

**杰斯线叶
铁兰**

株高与冠幅：
可长至30厘米

红铁兰

株高与冠幅：
可长至30厘米

叶片脱落

植株的一些边叶脱落属于正常现象。如果叶片大量掉落，则说明生长环境有问题。

☀ **救治** 轻轻地摘掉这些脱落的边叶，检查植株所处环境的光照、湿度和温度水平是否符合要求（见第132页）。

金钱树（雪铁芋）

Zamioculcas zamiifolia

金钱树植株笔直，形态惊人。极易生长，具有较强的耐旱性。

'''

养护须知

 摆放位置
常年摆放在一个温暖的房间（15~24℃）。该植物可以忍受干燥的空气。

 光照
长势茂盛的植物，要有明亮的光照，避免阳光直射。其实，它也耐阴。

 浇水与施肥
堆肥土表层5厘米发干时再浇水，而且只需让堆肥土湿润即可。不要让堆肥土过于潮湿。从春季一直到秋末，每月给植株施一次肥。

 注意
用干净的湿布擦拭叶片，让叶片保持光泽，保证可以吸收充足的日光。

提示
（见第26~27页）
叶片容易遭受粉介和红蜘蛛的攻击。

叶片发黄

浇水过多或堆肥土潮湿会引发根腐病。

💗 **救治** 让堆肥土慢慢变干。如果植株看上去病快快的话，检查是否有根腐病迹象——植株根部呈棕色且变得软稠。清理掉病害感染区域并换盆。更多信息见第28页"根腐病"。

大量叶片脱落

有可能是把盆栽从阴凉地带移至向阳处时受到了刺激。或者，也有可能是根部过干或过于潮湿造成的。

💗 **救治** 要让植株慢慢适应新环境。检查堆肥土是否过干或过湿，并根据实际情况相应地调整浇水量。

叶片上出现棕色斑块

这是晒斑。

☀ 救治 避免阳光直射。

棕色斑块

金钱树

株高：
可长至100厘米

冠幅：
可长至60厘米

该养护方法同样适用于

苏铁
Cycas revoluta

苏铁是一种古老的植株，自恐龙时代就存在。它的养护方式与金钱树相同。

发财树（瓜栗）
Pachira aguatica

瓜栗的树干往往呈编织状。其养护方式与金钱树相同。

室内盆景

盆景指的是将体型娇小的树修剪成微缩版的成年树。此处的盆景——榔榆是非常受欢迎的树种之一。

||||||||||||||||||||||||||||||||||||||||||||||||||||||||||||||||||||||||

养护须知

 摆放位置
在植株的生长期，环境温度保持在15~21℃。冬季，把盆栽移到一个更为阴凉的地方（最低10℃）。避免有冷空气，也不要靠近暖气片。

光照
让植株处于强光环境中，但是夏季要避免阳光直射。

 浇水与施肥
堆肥土在浅盆中会迅速变干。要让堆肥土保持湿润，但是不要过于潮湿。浇水时最好使用雨水。从春季一直到仲秋，每月给盆景施用一次专用肥料。

注意
要使用盆景专用的混合肥。为了增加湿度，可以把盆景摆放在铺满鹅卵石的水盘中，并且给叶片喷雾。如果根长满花盆的话，则需要在春季换盆。夏季把盆景摆放在室外。

植株出现徒长且叶片暗淡

可能光照不够充足，尤其是在冬季。

❤ **救治** 把盆景移到一个光线更为明亮的地方。专业人士会在冬季使用植物生长灯提升光照水平。

叶片松脆

植株缺水的表现。

☀ **救治** 检查浇水情况。用正确的方法浇水。

> **提示**
> （见第25~27页）
> 容易遭受介壳虫、粉介、白粉病、蚜虫、象鼻虫和红蜘蛛的攻击。

叶片发黄

对于那些落叶盆景而言，在秋季到来之前，叶片会变成黄色。而在其他季节，或者对于常绿盆景而言，如果叶片发黄，则可能是植株缺水，浇水过多或者不正确的施肥、温度或光照导致的。盆景换盆后也可能会出现这种情况。

❤ 救治　确保堆肥土湿润但又不积水，并且检查植株根腐病情况（见第29页"根腐病"）。保证养护方式是正确的。

植株叶片脱落

落叶盆景的叶片会在秋季脱落，有时在春季也会有一些叶片脱落。如果是在其他季节发生叶片脱落现象，或者常绿盆景发生叶片脱落，则可能是由于生长环境的改变（如换盆）或者不正确的养护所导致的。

❤ 救治　检查盆景摆放位置是否合适、养护方法方式是否正确（见第140页）。

叶片松脆、叶尖呈黑色或棕色

叶片松脆发干是植株缺水的迹象。叶尖呈黑色可能是因为浇水过多或有冷空气。

❤ 救治　把盆景移到一个更为温暖的地方，并检查浇水情况。

植株变得细长或者走形

对植株进行修剪和整形，让它保持一定的高度和大小。

❤ 救治　每次换盆时，去掉1/3的根。在植株生长季节，要修剪长出的叶尖，并对新长出的嫩枝进行修剪，只保留1～2组叶片。使用盆景专用的线来牵引这些分枝。

郎榆

株高与冠幅：
可长至50厘米

作者简介

韦罗尼卡·皮尔利斯是一位园艺作家兼编辑。她是gardenersworld.com的特约编辑，而且之前曾是《Which？》园艺杂志的副主编。此外，她也为《英国园艺》和《花园设计杂志》等园艺与生活杂志做一些编辑工作。作者担任了DK所著 *The Gardener's Year* 一书的园艺顾问，也正是这一经历为她创作本书提供了素材。

致谢

作者：非常感谢克利斯蒂·金在我写作期间给予我的支持。

出版商：DK非常感谢简·西蒙斯对本书的校对和凡尼莎·伯德制作的索引。我们还要感谢houseofplants.co.uk允许我们对相关植物进行拍照——柱叶虎尾兰、红苞喜林芋、印度尼西亚散尾葵、变叶木、仙人指、大琴叶榕、发财树、果子蔓、兔脚蕨、春羽、球兰、平叶棕、富贵竹、丝苇、袖珍椰子、虎尾兰、百合竹、金钱树和最终版本中并未出现的其他一些植物。重瓣长寿花的照片是由Katherine Scheel Photography负责完成拍摄的。

图片致谢：非常感谢以下人士给予照片复制使用的许可：

（关键词：a–上方；b–下方；c–中心；　f–远处；l–左侧；　r–右侧；　t–顶部）

5 Garden World Images: Nicholas Appleby (clb). 10 Alamy Stock Photo: blickwinkel/ fotototo (cla). 43 Garden World Images: Nicholas Appleby. 116–117 Alamy Stock Photo: blickwinkel / fotototo

其余图片由© Dorling Kindersley提供

更多信息请查阅：

www.dkimages.com

植物毒性

一些室内盆栽植物对人类和宠物是有毒的，如果它们被人类或宠物摄入，或者与皮肤或眼睛接触，都会很危险。种植与养护时注意避免接触皮肤和眼睛。有小孩或宠物的家庭应慎重选择。